[美] C.斯坦利·奥格尔维　　[美] 约翰·T.安德森　著

涂泓　冯承天　译

漫游数论世界

古老数学分支的永恒魅力

上海科技教育出版社

图书在版编目（CIP）数据

漫游数论世界：古老数学分支的永恒魅力／（美）
C.斯坦利·奥格尔维，（美）约翰·T.安德森著；涂泓，
冯承天译. —— 上海：上海科技教育出版社，2024. 12.
（数学桥丛书）. —— ISBN 978-7-5428-8327-8

Ⅰ. O156-49

中国国家版本馆 CIP 数据核字第 2024NJ4102 号

责任编辑　卢源
封面设计　符劼

数学桥丛书

漫游数论世界——古老数学分支的永恒魅力

[美]C.斯坦利·奥格尔维　[美]约翰·T.安德森　著
涂泓　冯承天　译

出版发行　上海科技教育出版社有限公司
　　　　　（上海市闵行区号景路 159 弄 A 座 8 楼　邮政编码 201101）
网　　址　www. sste. com　www. ewen. co
经　　销　各地新华书店
印　　刷　上海颛辉印刷厂有限公司
开　　本　720×1000　1/16
印　　张　10.25
版　　次　2024 年 12 月第 1 版
印　　次　2024 年 12 月第 1 次印刷
书　　号　ISBN 978-7-5428-8327-8/O·1215
图　　字　09-2023-0767 号
定　　价　42.00 元

对本书的评价

　　这是一本文笔优美、资料选择得当、呈现方式精美的文集。我毫无保留地向所有喜欢"追随数的光芒"的读者推荐这本书，无论他们是否从事数学方面的专业工作。

——马丁·加德纳

内容提要

数论是数学中的一个古老而迷人的分支，在现代计算机理论中发挥着重要作用。这也是业余数学家的热门话题，他们对这个领域作出了许多贡献。这很可能是因为数论通俗易懂，不需要高等数学的高深知识。

这本令人愉快的书由两位著名数学家撰写，它邀请读者一起加入充满挑战的探险，探索数论的奥秘和魔力。你不需要经过任何特殊的训练，只需要掌握高中数学知识，喜欢"数"，并且拥有好奇心，你就会很快被这里提出的想法和问题吸引。

作者从读者熟悉的那些概念开始，巧妙而轻松地将读者带入数学的更高境界，并在此过程中建立必要的概念，从而使复杂的主题更容易理解。本书内容包括对素数、数的模式、无理数和迭代以及计算神童等主题的深入讨论。

本书论述的许多材料在其他通俗的数论书籍中都是找不到的。此外，本书中还有许多重要的证明以简单而优雅的解释方式呈现，这样的证明在同类书籍中往往是缺乏的。总之，《漫游数论世界》介于外行无法阅读的、技术性很强的论述与内容太少的通俗读物之间，是一个极好的折衷。它对数论的那些重要方面的介绍既有刺激性又有挑战性，你既可以浅读以获得乐趣，也可以精读以获得令人振奋的智力挑战。

目　　录

第1章 开端

起初,并没有数的概念。或者说如果有的话,原始人也不知道。至于数是始终"在那里",还是必须被发明出来,这一直是一个备受争议的问题,我们将把它留给哲学家在没有我们打扰的情况下继续讨论。我们可以有把握地说,计数的能力在人类文明中出现得相对较晚。19 世纪的博物学家们声称,有些动物能数到 5。① 早期的人类可做不到这一点。即使在今天,在一些与世隔绝的原始部落中,任何超过 3 的数量仍然被简单地称为"多"。

假设我们可以用来计数的量只有 3 个:无、少和多,那么学童的加法表就会很简单:

无+无=无

无+少=少　　　　　　少+少=?

无+多=多　　　　少+多=多　　　　多+多=多

其中的问号指出了这里唯一的困惑之处。什么时候少加少就不是少了,而是变成多了呢? 这个困惑导致了计数艺术的产生,而计数艺术的发展一定是一个漫长而渐进的过程。数不是在一个下午的时间就被发明出来的。

---

① 现代研究人员倾向于否定早期关于鸟类和动物计数能力的说法。如今,似乎没有什么实验证据表明它们有任何数感。——原注

01

在我们现行的数制下,乘法是如何运算的? 让我们来试一下两个代数表达式的乘积,并由此来剖析 307 乘 43 的乘积:

$$(3x^2+7)\times(4x+3)=12x^3+9x^2+28x+21$$

如果现在你将 10 代入 x,你就会发现你已经用"代数"完成了这两个数原来的乘法运算。这样做能奏效的原因是,307 可表示为

$$3\times10^2+0\times10^1+7\times10^0$$

其中 10^0 等于 1(为什么?)①

请注意零在这里作为一个间隔符或占位符的重要性。虽然 $3x^2+0+7$ 与 $3x^2+7$ 是相同的,但 307 与 37 却是不同的。这里有其他东西在充当占位符。(是什么?)因此,我们的数制是**一元多项式代数**的简写,其中的变量由 10 这个数取代了。

10 有什么神圣之处? 之所以选择它,很可能是因为人有 10 根手指。无论变量是 10 还是其他数,或者仅仅是 x,上面的代数都是正确的。12 或 7 原本有可能代替 10 吗? 当然可能。如果你还不满 18 岁,那么你很可能熟悉使用 10 以外的其他基数的算术,你熟悉这些算术的可能性要比你的父母大得多。现在,许多中小学课程都包括了这个主题,把它当作"新数学"的一部分。这个主题其实并不非常新,可以说,由于二进制数字计算机的发明,它展现出了真正的价值。

按照流行的观念,现代电子计算机是如此聪明,几乎无所不能,但它实际上只是个半傻子。它能做的事情是极其基本的:它能回答某些简单的问题,比如一个给定的数是否大于另一个给定的数。它只能用"是"或"否"来回答这个问题。不过,它可以快速完成,然后转换到下一个问题,

---

① 10 的零次幂被**定义**为等于 1。但这是一个合理的定义。对于任何正整数指数 $m\neq n$,我们有

$$\frac{10^m}{10^n}=10^{m-n}$$

如果这条规则即使在 $m=n$ 时也成立,那么 $10^0=1$。——原注

并正确回答，以此类推。这样它就可以（通过操作计算机的人的指令）在一段短到令人难以置信的时间内累积完成一连串复杂的操作，而这段时间要比人类完成同样操作所需的时间短得多。计算机完成这一切的方式很简单，就是将"是"与"否"以正确的组合累积起来。每一个"是"都由一个"开"信号来完成，每一个"否"都由一个"关"信号来完成。因此，在将所有数值材料输入计算机之前，必须先将其转换为一个"开—关"系统。为此，我们使用**二进制**系统，这种数制的基数不是 10，而是 2。它是可用的最简单的系统，因为它只需要数字 0 和 1。（为什么没有 2？）因此，0 可以用"关"表示，而 1 可以用"开"表示。

二进制系统虽然是计算机的理想系统，但在日常使用中却很不方便。如果我们在上述表达式中把 x 换成 2，我们的代数是什么样子的？对于 $3x^2+7$，我们有 $3×2^2+7$。但我们在这里已经碰到麻烦了，因为 3 和 7 不该出现在这个系统中。7 本身必须写成 $2^2+2^1+2^0$，或者在代数中写成 x^2+x+1，其中的 x 现在是 2。在二进制记数法中，这个数表示为 111，它的意思不是一百一十一，而是一个 2 的平方加上一个 2 的一次方再加上 1。307 这个数用二进制来表示，就是 100110011。这在杂货店用起来可能没有 307 那么方便，但对计算机来说却是易如反掌的事情。

几十年前，二进制系统还被认为是一种只有理论意义的数学奇趣。突然之间，二进制就变得不可或缺了，要不是当时它已经被发明，那就得匆忙开发了。在整个数学史上，这样的故事一次又一次地发生：从长远来看，数学的任何部分都不会是"无用的"。数论的大部分内容几乎都没有什么"实际的"应用。这并没有降低它的重要性，反倒是增强了它的魅力。谁也无法预料，一条看似无比晦涩难懂的定理，什么时候会突然需要它发挥一些重要的、迄今为止从未有人猜到过的作用。

02

写下 22 这个数。将它除以 2，然后把结果 11 写在它下面。将此结果再次除以 2，即 11 的一半，得 $5\frac{1}{2}$，我们舍弃 $\frac{1}{2}$，只写 5。重复这个过程，在无法整除时，总是舍弃 $\frac{1}{2}$，直到结果为 1 时停止。

$$
\begin{array}{cc}
22 & 0 \\
11 & 1 \\
5 & 1 \\
2 & 0 \\
1 & 1
\end{array}
$$

现在，对你的这列数中的每个数进行如下操作：若该数是一个偶数，则在它的右边写一个 0；若该数是一个奇数，则在它的右边写一个 1。将最后得到的那一列数**从下往上读**，就得出了 22 的二进制表示：10110。

作为对自己数学能力的测试，在继续阅读下去之前，你可以试着分析一下这个方案或**算法**，并为自己解释一下它为什么能奏效。

如果我们能正确地解决这个问题，那它就没有什么神秘之处。正如许多数学问题一样，只有正确地提出了问题，才能得到解答。许多研究者都曾因为对自己提出了一个错误的问题——很可能是一个没有答案的问题——而陷入了困境，这种情况不仅发生在数学领域中，也发生在其他研究领域中。当其他人到来并将这个问题重新表述，或者也可能是提出一个新的问题时，往往就会产生一个突破性的结果。

刚刚提出的各个步骤，其呈现方式在某种程度上掩盖了我们这个小算法的内部机制。让我们从一个更简单的例子开始，这个例子我们已经看到过了：$7 = 2^2 + 2^1 + 2^0$，或者用二进制表示就是 111。从 111 的右端开始，最后一个 1 表示什么？它表示在 7 中包含着奇数个 1，因此结尾必须有一个 1，因为它不能纳入 2 的任何其他幂。把 1 写为最后一个数字后，我们现在要表示的就不是 7，而是 6 了。接下来，我们来看倒数第二个数字。它也是一个 1,这应该意味着 6 中包含着奇数个 2。正确！所以我们减去 2,表示我们正在写的是 $1×2^1$ 的一个缩写。然后继续向左移一位,此时要问的问题是:在 4 中包含着奇数个 4 还是偶数个 4?包含了 1 个,1 是奇数,所以把 1 写在 2^2 的位置上。这样,我们就得出了 111 就是 $2^2+2^1+2^0$ 的二进制表示。

另外,假设我们从 9 开始。最后的那一位数字是相同的,即 1,所以我们从 9 中减去 1,然后来查看 8。但是,在 8 中包含着**偶数**个 2。因此,我们不希望 2^1 的那个位置上出现 1,因为偶数个 2 可以纳入 4 的那个位置。所以我们在这一位上写一个 0,然后向左移动,并仍然对 8 进行操作,因为 0 不会从 8 中带走任何东西。现在,8 也包含着偶数个 4,因此我们再写一个 0,接着再次向左移动。8 包含着 1 个 8,于是 9 的二进制表示的最后结果就是 1001。

那么,22 的情况又是如何的呢?请忘记那个算法的语言表述,尤其是关于舍弃 $\frac{1}{2}$ 的那部分。观察一下 22,其中包含着奇数个 1 还是偶数个 1?是偶数个,因此在 22 的二进制表示的最后一位写一个 0。接下来,22 包含着奇数个 2 还是偶数个 2?是奇数个,因此写一个 1。不过,这是在代表 2^1 的那个位置上,因此这个位置被"使用"了,必须从 22 中减去 2,于是剩下 20。在下一个阶段,20 包含着奇数个(5 个)4,因此在 5 的右边应该出现一个 1(这从来就不是"舍弃" $\frac{1}{2}$ 的问题)。现在,因为 $1×2^2=4$,所以下一个问题不是 20 中包含着多少个 8,而是 16 中包含着多少个 8。是 2 个(偶数),因此写一个 0。最后,16 中包含着多少个 16?是 1 个,所以 1 是最下面的那个数字。我们发现了下面这个算式:

$$22=1×16+0×8+1×4+1×2+0×1$$

即 10110。

我们如此详细地分析这个例子,是为了解释一种在世界某些偏远角落实际被使用的乘法形式(至少直到最近还在用)。几十年前,下面这个例子引起了我们的注意。一位上校曾经远征埃塞俄比亚。在遥远的内陆某处，他的队伍在某个场合下购买了 7 头牛。①

他写道："在我们来到的第一个集市上，我们试图买牛。不过，尽管那里有牛出售，但牛的主人和我的随从都不知道应该付多少玛丽亚·特蕾莎银币②。由于这两个人都不会做简单的算术，他们只是站着互相大叫大嚷，但毫无进展。最后，有人把当地的牧师给请来了，因为他是唯一能处理这类问题的人。

"牧师和他的年轻助手到了，他们开始在地上挖一系列洞，每个洞大约有茶杯大小。这些洞排成平行的两列，我的翻译说这些洞被称为房子。他们即将要做的事情涵盖了在这个地区做生意所需的全部数学知识，只要求会数数，以及会乘 2 和除以 2。

"牧师和他的年轻助手有一个袋子，里面装满了小鹅卵石。他在第一列的第一个洞里放了 7 块鹅卵石（每块表示一头牛，一共 7 头牛），在第二列的第一个洞里放了 22 块鹅卵石，因为每头牛要付 22 玛丽亚·特蕾莎银币。有人向我解释说，第一列是用来乘 2 的，即将第一间房子里的鹅卵石数量的 2 倍放在第二间房子里，然后将第二间房子里的鹅卵石数量的 2 倍放在第三间房子里，以此类推。第二列是用来除以 2 的，即将第一间房子里的鹅卵石数量的一半放在第二间房子里，以此类推，直到最后一间房子里只有 1 块鹅卵石。在进行除法运算时，得到的商中的分数都被舍弃。

"然后检查除以 2 那一列房子里的鹅卵石是奇数还是偶数。所有鹅卵石数为偶数的房子都被认为是不祥的，所有鹅卵石数为奇数的房子都被认为是吉利的。每当发现不祥的房子时，两列中对应的两间房间里的鹅卵石都会被扔出来，不予计算。然后数一数乘 2 那一列剩余的房子里剩下的所有鹅卵石，总数就是答案。"

以书面形式写出来，买牛问题是这样的：

① 参见"Ethiopian multiplication", C. S. Ogilvy, *Pentagon*, Fall 1950, p. 17. ——原注
② 玛丽亚·特蕾莎银币（Maria Theresa dollar）是 18 世纪中叶之后在近东的大部分地区通用的货币，流通时间超过 150 年。——译注

乘 2 的列	除以 2 的列
~~7~~	~~22~~
14	11
28	5
~~56~~	~~2~~
112	1
154	

上校对于这样一个事实大为惊讶:由这一乘法体系,总能得到正确的结果,尽管 5 的一半不是 2(他称之为错误)。但我们知道,这里并没有错误。如果我们将左边那一列所有剩余成员都除以 7(得到 2、4 和 16),并回想一下我们刚才是如何得到 22 的二进制表示 10110 的,那么很明显,左边一列中去掉了不予计算的那些数后,剩下的总数就表示 7×22 = 154。[1]

03

有一种古老的、大家耳熟能详的双人游戏,叫作尼姆游戏(Nim)①。这个游戏需要 3 堆筹码,每一堆中的筹码数目随机,两位玩家轮流从任意一堆筹码中取走一枚或多枚(或者取走整堆)。游戏的目的是:成为取走最后一枚筹码的人。

玩这个游戏有一个"最佳制胜策略"。如果对手是一位不懂这个游戏的玩家,那么用这个策略肯定能赢。如果两位玩家都知道这个最佳策略,那么获准先出招的玩家就会处于非常有利的地位。对这个游戏的分析取决于二进制系统。如果我们习惯于以 2 为基数来计数,那么玩这个游戏就会很简单。在下面的解释中,我们实际上并没有改用二进制表示法,而只是将筹码排列为 2 的幂,这其实是一回事。②

---

① 参见《悖论与谬误》,马丁·加德纳著,封宗信译,上海科技教育出版社,2020。——译注

② 尼姆游戏有很多种形式。这种双人游戏的标准玩法是,在桌子上随机地放置 3 堆筹码。两位玩家轮流从一堆筹码中取走一枚或多枚筹码。他必须至少取走一枚筹码,而且如果他愿意的话,也可以取走整堆筹码。取走最后一枚筹码的玩家就算赢。

简单地说,制胜的技巧在于让对手面对一个平衡的局面,从而迫使他打破平衡,然后你再次令局面恢复平衡,直到你达到的最后局面是轮到他出招,而此时这 3 堆筹码的状态要么是 3-2-1,要么是 2-2-0,要么是 1-1-0。其中任何一种状态对他来说都是无望的。

这里说的平衡的局面,是指 2(二进制系统中的基数)的所有幂都能配成对。假设初始状态的 3 堆筹码中分别包含 28 枚、31 枚和 17 枚筹码:

$$28:16+8+4$$
$$31:⑯+8+4+②+1$$
$$17:16 \qquad +1$$

除了 3 个 16 和 1 个 2 之外,所有其他数都自动配成对了。因此,如果是你先出招,那么你只要从 31 枚的那堆筹码中取走 18 枚筹码,你的对手就注定要输了。当然,你不必非得取走 2 的所有幂。例如,现在轮到他出招了,而带圈的数已经被取走了。如果他选择将 17 枚的那堆筹码全部取走,那你该如何恢复平衡?从 28 枚的那堆筹码中取走 15 枚。试试看!

在《巧妙的数学问题和方法》(*Ingenious Mathematical Problems and Methods*, L. A. Graham, Dover, New York, 1959)第 30 题中给出了这一解释。——原注

04

在罗马数字中,数被记录为一串标记,而某些特定的数,如 5、10、50、100 和 500,则使用特定的符号。5 是 V,50 是 L,诸如此类——但没有什么规律或理由。这些特定的字母只是被指派的。

零的重要性与其说是在于它的存在,不如说是在于它的使用。在罗马数字中没有零,且 V 和 L 不是两个相关的符号。而在我们使用的阿拉伯数字中,5 和 50 是相关的,事实上正是因为零的位置,它们才变得可区分了。因此,零作为一个占位符就有其重要性了。

我们之前已经指出,在我们的数制中,十进制乘法的简便性取决于该数制的代数性质。无法对罗马数字指定类似的性质。有人提出了罗马人计算两个大数相乘的几种可能的方法,但都很复杂、很困难。试试看吧!对大多数罗马人来说,如果真的要进行乘法计算,那么他们很可能是通过重复的加法运算来实现的。用罗马数字做加法并不会带来严重的困难:事实上,它比我们的加法更简单。首先,将所有数都改写为不带减法的形式。例如,49 通常写成 XLIX,为了做加法,就要将它改写为 XXXXVIIII。之后,唯一要做的就是将这些字母排列在合适的列中,并小心进位:①

XXXXVIIII			49
CL	X	II	162
CC	X	I	211

---

① 罗马数字的 7 个基本符号为 I(1)、V(5)、X(10)、L(50)、C(100)、D(500)和 M(1000)。相同的数连写,表示这些数相加,如 III = 3,CC = 200。小的数写在大的数左边,表示用大的数减去小的数,如 IV = 4,IX = 9;小的数写在大的数右边,表示用大的数加上小的数,如 VIII = 8,CL = 150。——译注

第 2 章　数的模式

给定 123 456 789 这个数,我们要将它的 9 位数字重新排列以形成新的数,总共能得出多少个? 在这些数中,有多少个数能被 3 整除,即除以 3 的余数为零?

这两个问题的答案都很简单。包括目前的排列在内,选择第一位数字的方式有 9 种;然后,在选定第一位数字以后,选择第二位数字的方式有 8 种;接着,选择第三位数字的方式有 7 种,以此类推,总共能得出

$$9 \times 8 \times 7 \times 6 \times 5 \times 4 \times 3 \times 2 \times 1 = 362\ 880$$

个不同的数。其中有多少个能被 3 整除? 所有这些数都能被 3 整除。

当且仅当一个数的各位数字之和能被 3 整除时,这个数能被 3 整除。因为

$$1 + 2 + 3 + 4 + 5 + 6 + 7 + 8 + 9 = 45$$

而 45 能被 3 整除,所以原数也能被 3 整除。由改变各位数字的排列顺序而得出的新数,当然不会改变它们的总和。

我们不妨顺便提一下求前 9 个(或任何其他数量的)连续整数的和的一种简便方法。我们可以从这串数的两端开始,将它们分成相等的数对:

$$1+9=10$$
$$2+8=10$$
$$3+7=10$$
$$4+6=10$$
$$\underline{5=5}\text{（没有配对，因为该集合有\textbf{奇数}个元素）}$$
$$\text{总和 }45$$

高斯（Carl Friedrich Gauss）可能是有史以来最伟大的数学家，他在很小的时候就展示出了他的算术技巧。在他 10 岁那年，一位专横的老师给他班上的学生布置了一道很长的例行练习："求前 100 个正整数之和。"对于这位老师来说，这是很容易的，因为他知道如何求算术级数的和，但这些孩子们并不知道这个公式。年少的高斯也不知道如何做到这一点，但他立刻在脑子里发现了一种方法。他把答案写在石板上，立即交了上去。一个小时后，当老师把其余学生的计算结果收上来时，他发现除了高斯的计算结果外，其他学生的计算结果都不对！我们得知，他的计算方法是将其中各项配对，然后心算出每一对的值与总对数的乘积。如果将每一对的和都配成 100，那就更容易了：100+0，99+1，88+2，等等。这样总共会有 50 对，而每一对的和是 100，因此它们的总和是 5000；再加上剩下的那个 50（中间的那个数），总数就是 5050。[1]

为什么我们熟悉的那种古老的"被 3 整除"检验方法会以这种方式奏效呢？被 9 整除的检验方法与此相似，我们可以把它们归成一类。作为举例，让我们使用一个四位数字为 *abcd* 的数。我们已经知道，*abcd* 可以表示为以下形式：

$$1000a+100b+10c+d$$

因此，这个数可以写成两个数之和：

---

[1]　摘自 *Carl Friedrich Gauss*，*Titan of Science*，G. Waldo Dunnington，（Hafner，New York，1955），p. 12.——原注

参见《他们创造了数学——50 位著名数学家的故事》，波萨门蒂著，涂泓、冯承天译，人民邮电出版社，2022。——译注

（1） $999a+99b+9c$

和

（2） $a+b+c+d$

不管 a、b、c 和 d 取怎样的值，式（1）表示的数总是必定可以被 3（或 9）整除。因此，当且仅当式（2）能被 3（或 9）整除时，（1）+（2）就能被 3（或 9）整除。可以看出，五位和五位以上的数也可以用同样的方式处理。

能否被 11 整除的检验方法稍微复杂一点点。我们把要检验的数 $abcd$ 写成以下形式：

$$1001a+99b+11c$$
$$-a+\quad b-\quad c+d$$

于是，当且仅当 $(-a+b-c+d)$ 这个值能被 11 整除时，原数就能被 11 整除。这里的商可以是负数，也可以是零，只要它是一个整数。你仍然需要让自己确信，9999、100 001 等数都能被 11 整除，我们让你通过对所讨论的除法进行简短的研究来做到这一点。这是那种"一目了然"的事情之一，只有被形式上的证明所采用的措辞拖累时，它才会变得模糊不清。

01

在自然科学中,人们非常相信**归纳法**,即从特殊到一般的推理。在数学中,我们不能依赖任何这样的推理过程。

有人声称他有一个计算前 n 个偶数之和

$$2+4+6+\cdots+2n$$

的公式,他说这个和总是等于

$$Y(n)=n^4-10n^3+36n^2-49n+24$$

符号 $Y(n)$ 表示"自变量为 n 的函数 Y",意味着如果你把某个特定的 n 代入等式右边,那么计算结果就是 $Y(n)$ 这个量。通过代入 $n=1$,我们得到

$$Y(1)=1-10+36-49+24=2$$

类似地还有 $Y(2)=6$,$Y(3)=12$,以及 $Y(4)=20$。这个求和公式似乎正在得到验证,因为

2	=2
2+4	=6
2+4+6	=12
2+4+6+8	=20

到这个时候,我们已经厌倦这么多的算术运算了。我们能因为这个公式在上面 4 种情况下都成立,就断定它一定是正确的吗?不能。实际上,$Y(5)$ 应该是 30,但根据这个公式计算出的结果是 54。而且这个公式对于任何其他 n 都不再成立。

有一个众所周知的公式,由它可以在前 79 种情况下给出素数[1],但是当你尝试 $n=80$ 时,这个公式就不成立了。[2] 物理学家会满足于冒险提

---

[1] 在数论中,我们最常处理的是正整数。如果任何一个大于 1 的正整数只能被它本身和 1 整除,那么这个正整数就是一个素数。按照惯例,1 不是素数。2 和 47 是素数。20 是一个合数,因为可以将其分解为 2×2×5。——原注

[2] 公式 $\qquad\qquad n^2-79n+1601$

对直到 79(包括 79)的所有 n 值都给出素数,但当 $n=80$ 时,它就不成立了:

$$80^2-79\times80+1601=1681=41^2——原注$$

出一个实验验证远远少于 79 次的理论。在数学中，不仅验证 79 次是不够的，就算验证 1 000 079 次也还是不够。我们必须要有不同类型的证明。

数学归纳法是一种重要的推理方法，它提供了一种非常有用的证明方法。在说明它是什么之前，我们最好先非常肯定地搞清楚它不是什么。

有些人错误地把数学归纳法理解成检验一个序列，然后通过推论来进行论证。请观察以下序列：

$$1 \qquad\qquad = 1$$
$$1+3 \qquad\quad = 4$$
$$1+3+5 \qquad = 9$$
$$1+3+5+7 = 16$$
$$1+3+5+7+9 = 25$$

到目前为止，情况表明，右边一列是由完全平方数构成的一个数列。这一切是否能确保这一进程会无限继续下去？当然不能。表面上看来形成的规律，在被证明之前并不算是规律，无论它的表象是多么强有力。

我们应该证明的命题是，前 n 个相继奇正整数加起来总是等于 n^2。我们将通过数学归纳法来做这件事——这与观察和猜测截然不同。这个过程可以比作教一个盲童如何爬梯子。是否曾经这样做过并不重要，重要的是**可以**这样做。首先，可以将这个盲童放在梯子的某个梯级上，具体在哪一级上无关紧要，然后指导他如何从那里爬到更高的一级。这件事完成后，剩下唯一要做的事情就是，确保这个盲童知道如何找到最底下的一级并爬上去。此后，这个盲童就会知道如何爬上第二级，然后再爬上第三级，以此类推。

我们首先提出所谓的归纳假设。我们不去假设试图证明的一般情况。我们做一个比较温和、不那么全面的假设：就目前而言，我们试图证明的结论对于一种特定情况是成立的，比如说 $n=k$ 的情况。这相当于盲童被放在梯子的第 k 级上。那么，如果关于奇正整数①的那个命题在 $n=$

---

① 作者在此处用的是 odd integers，严格地说，整数应包括正整数、负整数和零。但按这里所讨论的情况而言，这里的 k 应为奇正整数。在下文中，译者将区分这些不同情况。——译注

k 的情况下成立,我们就会有

$$1+3+5+\cdots+(2k-1)=k^2$$

如果是这样的话,那么我们可以在等式两边加上 $2k+1$(下一项),得到

$$1+3+5+\cdots+(2k-1)+(2k+1)=k^2+(2k+1)$$
$$=k^2+2k+1$$
$$=(k+1)^2$$

这意味着,如果这个命题在 $n=k$ 的情况下成立,那么它在 $n=k+1$ 的情况下也必然成立,而我们现在处于梯子的第 $(k+1)$ 级。这还没有表明这个命题实际上对于任何 n 都成立。但现在让我们回过头来看 n 的一些较小值,通常是看第一个,即 $n=1$。这个命题对于这个值肯定是正确的:$1=1^2$(我们处于梯子最底下的那一级)。因此,根据我们的归纳假设,以及它所导致的结果,这个命题对于 $1+3$ 也成立(我们正在向上爬),继而对于 $1+3+5$ 也成立,以此类推,于是我们已经证明了对于任何 n,都有

$$1+3+5+\cdots+(2n-1)=n^2$$

设 $n=m^p$,我们就可以看出 m^{2p}(一个任意正整数的偶数次幂)等于 $2m^p-1$ 以内(包括 $2m^p-1$)的所有奇正整数之和。例如,若 $m=3,p=2$,则

$$81=3^4=1+3+5+\cdots+17$$

我们还可以证明,一个正整数的任何正整数次幂,比如 m^k(其中 $k>1$),恰好是长度为 m 个单位的奇正整数数列中的某一"段"的和。例如,m^3 总是等于从 m^2-m+1 开始,到 m^2+m-1 结束的 m 个奇正整数之和。因此,如果 $m=5$,我们有从 $5^2-5+1=21$ 开始,到 $5^2+5-1=29$ 结束的 5 个奇正整数的下列关系[1]:

$$5^3=21+23+25+27+29$$

数学归纳法这一证明方法在几乎所有数学分支中都非常有用。它有一个缺点:不能从头开始**构建**一条定理。不过,如果我们对一个看似有理的陈述有一些提示、一些明智的猜测,那么我们往往可以通过数学归纳法来检验它是否成立。

---

[1]　巴克曼(Keith Backman)独立地重新发现和证明了这些定理及其他一些定理,他在芝加哥大学任职,而他发现这些定理时还是一名高三学生。——原注

02

古代人往往从几何角度来考虑完全平方数。他们会说三角形"边上的正方形",而不说"边长的平方"。[①] 这种用法流传下来,并出现在我们常用的指数术语中。我们通常说的是 5 的**平方**,而不是 5 的**二次方**,尽管我们指的只是 25 这个数。古希腊人更喜欢考虑图 2.1 所示的这个图形。一个边长为 5 的正方形含有 25 个单位正方形。

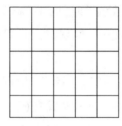

图 2.1

之后,他们又将完全平方数视为点的方阵,如图 2.2:

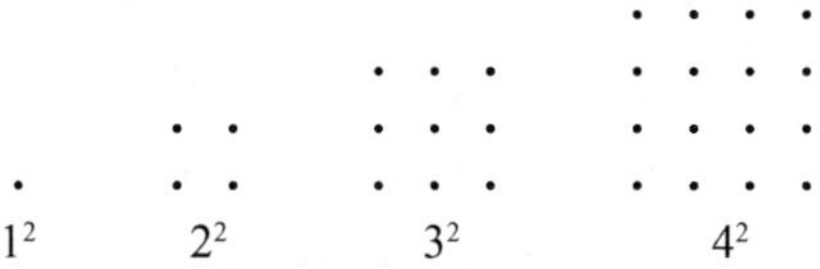

$$1^2 \qquad 2^2 \qquad 3^2 \qquad 4^2$$

图 2.2

"三角形数"也受到了同样的关注,如图 2.3:

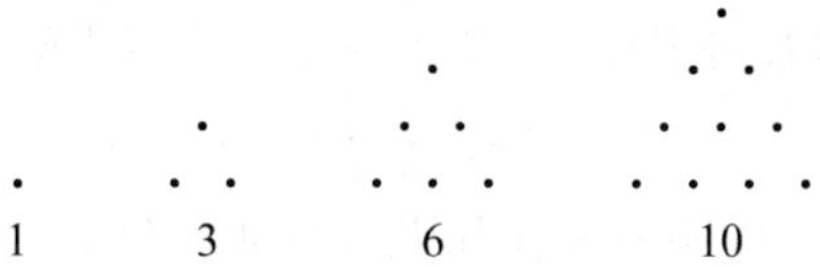

$$1 \qquad 3 \qquad 6 \qquad 10$$

图 2.3

三角形数与完全平方数之间的关联是,任意两个相继三角形数之和,都等于一个正方形的边长的平方,而这个正方形的边长等于这两个三角形中较大的那个三角形的边长。例如 $3+6=3^2$,$6+10=4^2$,等等。这很容

---

① 正方形和平方的英文都是 square。——译注

易用代数证明,①但在几何上也很明显。将两个相继三角形数,比如 6 和 10,如图 2.4 这样排列:

图 2.4

其中第一个排列总是可以倒置后拼到第二个排列上(见图 2.5):

图 2.5

此外,前 n 个正整数之和为

$$1+2+3+\cdots+n=\frac{n^2+n}{2}$$

于是从三角形数的构成方式可以清楚地看出,这也是第 n 个三角形数的公式。前 n 个完全平方数之和同样有一个用 n 来表示的简单表达式:

$$1^2+2^2+3^2+\cdots+n^2=\frac{n(n+1)(2n+1)}{6}$$

作为练习,请你用数学归纳法来证明这些公式。如果事先不知道这些公式,要得出和证明它们就需要相当多的独创性。不过,有限差分计算法中有一些方法可以很容易地解决这类问题。

至于立方数,可以证明

$$1^3+2^3+3^3+\cdots+n^3=\left(\frac{n^2+n}{2}\right)^2$$

这样,我们就得到了一个意想不到的关系,即前 n 个立方数之和等于前 n 个整数之和的平方。

---

① 两个相继三角形数之和用代数方法相加为

$$\frac{n^2+n}{2}+\frac{(n+1)^2+(n+1)}{2}=(n+1)^2$$ ——原注

03

完全平方数可以同时是三角形数吗？当然可以，1 这个数就既是完全平方数又是三角形数。

还有更多吗？有无穷多个这样的数吗？检查完全平方数数列，我们发现下一个同时也是三角形数的数是 36。但如果我们只是在这些完全平方数之中寻找，搜索过程可能会非常漫长。接下去的 3 个既是完全平方数又是三角形数的数分别是 1225、41 616 和 1 413 721。

这些数是怎么发现的？为了回答这个问题，我们需要比目前已拥有的更强大的工具。我们将在第 10 章中回来解决这个问题。[1]

---

[1] 读者如果对进一步研究三角形数的性质有兴趣，可参见 U. V. Satyanarayana，"On the representation of numbers as the sum of triangular numbers"（*Mathematical Gazette*，vol. 45，1961，p. 40），其中给出了一些参考文献。——原注

04

对于古代人来说,他们的科学和数学都沉浸在哲学和形而上学之中,并混淆在一起。对于他们而言,数是有个性的,而几何图形往往被赋予伪圣的品质。

我们发现,甚至晚到 1596 年,现代天文学先驱之一的开普勒(Johannes Kepler)①在捍卫他的太阳系模型时所借助的理由之一居然还是:(当时已知的)太阳系中的 6 颗行星的位置取决于 5 个正多面体之间的关系。因此,用**完满数**这个名字来表示一个等于其所有真因数(包括 1)之和的数,也就不足为奇了。

6 是一个完满数,因为它等于 1+2+3。下一个完满数是 28 = 1+2+4+7+14。梅森②注意到(当时)已知的完满数只有 8 个,因此他在 1644 年写道:"我们从这一事实中清楚地看到,完满数是多么罕见,而我们将它们与完满的人相比是何等正确。"③

所有已知的完满数都是偶数。目前还不知道是否存在奇完满数,但如果有的话,它肯定大于 10^{25}。④ 人们花了大量的时间研究完满数。一位

---

① 关于开普勒,可参见 *Mathematics*, *a Cultural Approach*, Morris Kline (Addison-Wesley, Reading, Mass., 1962), p. 255.——原注

② 梅森(Marin Mersenne,1588—1648),法国数学家和修道士,他最早系统地研究了 2^p-1 型的数,因此这一类型的数现在称为梅森数。若此数为素数,则称为梅森素数。——译注

③ 梅森的这句引言转载于 *Mathematical Recreations*, Maurice Kraitchik(Dover, New York,1953),p.72.——原注

④ 10^{25} 这个数来自波多黎各大学加西亚(Mariano Garcia)博士的一篇未发表的论文,由宾夕法尼亚州立大学的塞尔弗里奇(John L. Selfridge)教授转述给我们。它可能代表了 1965 年关于最小奇完满数下限的正确认知状态,而该下限还在不断被提高。[有一位日本作者错误地推导出了一个大得多的下限,并于 1956 年在东京发表,后来被其撤回。*Mathematical Reviews*, vol. 20 (1959), no. 3095.]——原注

当代著名数论学家成功地将其作为一整本书的出发点。

古希腊人知道的完满数只有:

$$P_1 = 6 = 2 \times (2^2 - 1)$$

$$P_2 = 28 = 2^2 \times (2^3 - 1)$$

$$P_3 = 496 = 2^4 \times (2^5 - 1)$$

$$P_4 = 8128 = 2^6 \times (2^7 - 1)$$

中世纪时,人们根据这寥寥无几的证据给出了下列猜想:

(1) 在 10 的每个幂次之间可能存在一个完满数,因此第 n 个完满数总是一个 n 位数;

(2) 完满数交替地以 6 和 8 结尾。

在这里,我们又看到了一个"直觉归纳法"的例子,它的依据只是一个大胆的猜测。这两个猜想都是错误的。没有 5 位的完满数。事实上,

$$P_5 = 2^{12} \times (2^{13} - 1) = 33\,550\,336$$

虽然它确实以 6 结尾,但它的下一个完满数也是以 6 结尾,而不是以 8 结尾。的确,它们总是以 6 或 8 结尾,但它们不是交替出现的。

请注意,我们把每个完满数都表示为

$$2^{p-1}(2^p - 1)$$

的形式。此外,p 在每种情况下都是一个素数。不过,在使用了 $p = 2, 3, 5, 7$ 之后,我们跳过了 11,并表明下一个完满数是用 $p = 13$ 得到的那个。所有这些事实在完满数问题中都起着重要作用。

首先,让我们来证明欧几里得就已经知道的下面这个命题:如果 $2^p - 1$ 是素数,那么 $N = 2^{p-1}(2^p - 1)$ 就是完满数。为了证明它,我们列出 N 的所有可能因数。当然,$1, 2, 2^2, \cdots, 2^{p-1}$ 都是 N 的因数。该命题的一个假设是:括号里的因数是一个素数,但用括号里的这个因数去乘上述 2 的幂的列表中的每个因数,就可以再次获得更多的因数。这样就穷尽了所有可能性:N 没

① "The springboard for an entire book", *Solved and Unsolved Problems in Number Theory*, Daniel Shanks (Spartan, Washington, D. C., 1962). ——原注

有其他因数了。然后我们有了两个求和集合，要将它们相加：

$$S_1 = 1 + 2 + 2^2 + \cdots + 2^{p-1}$$

$$S_2 = (1 + 2 + 2^2 + \cdots + 2^{p-1})(2^p - 1) = S_1(2^p - 1)$$

$$\therefore \quad S_1 + S_2 = S_1 + S_1(2^p - 1) = S_1[1 + (2^p - 1)] = S_1 2^p$$

为了对 S_1 求和，我们使用高中学过的那个求几何级数有限项之和的公式：

$$S = \frac{lr - a}{r - 1}$$

$$S_1 = \frac{2^{p-1} \cdot 2 - 1}{2 - 1} = 2^p - 1$$

因此，我们的总和是

$$S_1 + S_2 = (2^p - 1)2^p = 2^p(2^p - 1) = 2[2^{p-1}(2^p - 1)] = 2N$$

这就是各因数的总和。为什么结果是 $2N$ 而不是 N？这是因为我们在构成 S_2 时，忽略了应该删除作为因数之一的 N 本身。于是，包括 1 但不包括 N 的真因数的总和就是 N，因此 N 是一个完满数。

$2^p - 1$ 是素数这一事实在上述证明中必须用到。这样，下一个问题就是，哪些形式为 $2^p - 1$ 的数是素数？这些数以 17 世纪的数论学家梅森的姓氏被命名为梅森数。可以证明，如果 $2^p - 1$ 是素数，那么 p 是素数是其必要条件，但不是充分条件。我们跳过素数 $p = 11$ 有一个很好的理由：梅森数 $2^{11} - 1$ 是一个合数（它等于 23×89），因此 $2^{10} \times (2^{11} - 1)$ 不是一个完满数。

还可以证明（欧拉[①]是第一个给出这一证明的人），不仅是有一些偶完满数，而是所有偶完满数都具有这种形式。也就是说，当且仅当一个偶数 N 的形式为

$$N = 2^{p-1}(2^p - 1)$$

[①] 欧拉（Leonhard Euler, 1707—1783），有史以来最多产、最有天赋的数学家之一。——原注

其中 2^p-1 为素数时，N 是一个完满数。[①] 那么，要搜寻更多的偶完满数，就是要问哪些梅森数是素数。对于这个难题，现在还没有系统的答案。在很长一段时间里，人们只知道 8 个完满数，直到 1952 年以后才又发现了 11 个(都是巨大的数)。[②]

———————

① 已知 2^p-1 为素数的 23 个 p 的值在下文中给出："Three new Mersenne primes and a statistical theory"，Donald B. Gillies，*Mathematics of Computation*，vol. 18（1964），p. 93，文中还讲述了发现其中最后 3 个值的故事。——原注

② 截至 2018 年，已发现 51 个完满数，它们全部都是偶数。——译注

05

如果一个数的所有真因数之和小于该数本身,那么这个数就被称为**亏数**;而如果一个数的所有真因数之和大于该数本身,那么这个数就被称为**盈数**。1962 年,本书作者之一发表了下面这个问题。[①]

"众所周知,每一个大于 83 160 的数都可以表示为两个盈数之和。有些较小的数不能如此表示。鉴于 12 是最小的盈数,那么小于 24 的数肯定都不能如此表示。不能如此表示的最大正整数是什么?"

这个问题对于偶数已经完全解决了:大于 24 的偶数中,只有 26、28、34 和 46 不是两个盈数之和。但对于奇数,当时还不知道答案。虽然这肯定不是一个非常令人兴奋的问题,但之所以在这里提到它,是因为它的解决方式。

帕金(T. R. Parkin)和兰德(L. J. Lander)将其"作为一种测试,以测试一台非常小的数字计算机(CDC 160−A)在数论方面进行某些研究的能力。"[②]首先,通过一页纸的分析,他们将下限降到了 28 123,也就是说,可以证明所有大于 28 123 的数都可以表示为两个盈数之和。仅从理论上考虑,似乎没有办法再将这一极限降得更低了。

然后,他们进行计算机编程,尝试将 941 到 28 999 的每个奇数分解为两个盈数,并将结果列成表格。如果存在这样的分解,就将它打印出来;如果不存在这样的分解,就打印出 0+0。他们最终得出了 962 个不可分解的数,其中最大的一个是 20 161,即所寻求的解。他们用几页打印纸描述了这些结果,接下来打印了附录 A,这是 91 页密密麻麻的表格材料,都是从计算机的输出表格中复制出来的。从这些页面中可以很容易地选取所需的数据。

---

① 这个关于盈数的问题于 1962 年发表(实际上是第二次发表)于 *Tomorrow's Math*,*Unsolved Problems for the Amateur*, C. S. Ogilvy (Oxford University Press, New York)。——原注

② *Abundant Numbers*, Thomas R. Parkin and Leon J. Lander (Aerospace Corp., Calif., July 1964). ——原注

他们用的是一台小型计算机。帕金和兰德说:"事实上,这种大小的问题完全在手工计算的范围内,但使用计算机则更快、更有趣!"不过,类似的方法也可以应用于更大型的计算机,来解决更大、更严肃的问题。

计算机无法设计出证明或求解的方法,但它们可以帮助提供数据,其给出的形式可能对解决数值问题有很大帮助,而且它们能以打印输出机制所能达到的最快速度,连续数小时准确无误地输出这些数据。有些计算,仅仅是计算量之大、计算过程之烦琐就让数学家望而却步,而计算机却能轻松快速地处理这些计算。因此,在过去几十年中,人们获得的关于某些数值非常大的问题的数据,比这些问题在历史上所有其他年代中获得的数据还要多。

第 3 章　作为数的基石的素数

　　算术基本定理指出,一个数本质上只能以一种方式被分解为它的素因数的乘积。"本质上"意味着 20 的因数分解 2×5×2 和 2×2×5 应被视为是相同的。没有人能找到其他一些素数(比如 7 和 3)也可以相乘得到 20。对于比较小的那些数来说,这一点是相当明显的。而算术基本定理表明,这一点适用于所有的数,无论其大小如何。这条定理如此重要,值得加以证明。

　　我们需要两条初步的定理,或者说"引理",才能继续下去。有人曾经将引理说成"证明中的困难部分",这话一点都没错。在将一个证明推向结论之前,往往需要进行许多页艰难的初步推理。好在这一次,这条定理的基础很容易打好。

　　如果两个数的公因数只有 1,那么我们就说这两个数是**互素的**。请注意,两个数不一定要是素数才能互素。14 = 2×7 和 45 = 3×3×5 这两个合数是互素的,因为它们(除了 1 以外)没有共同的因数。

　　引理 1　如果几个数都与一个数 A 是互素的,那么它们的乘积与 A 也是互素的。这是由互素的定义得到的,因为它们的乘积中没有引入新的因数,而它们一开始就与 A 没有公因数。

　　引理 2　如果几个数的乘积能被素数 p 整除,那么其中至少有一个数能被 p 整除。这是因为,如果没有一个数能被 p 整除,那就表明其中每个

数都与 p 互素,而根据引理 1,这个乘积与 p 是互素的。

我们现在可以证明那条唯一因数分解定理了:每一个合数 N(本质上)都只能用一种方式表示为几个素数的乘积。①

假设有两种因数分解方式:

$$N=p_1 \cdot p_2 \cdot \cdots \cdot p_m = q_1 \cdot q_2 \cdot \cdots \cdot q_n$$

注意,一开始我们不能假定 $m=n$。现在,根据引理 2,$p_1 \cdot p_2 \cdot \cdots \cdot p_m$ 中的某一个数能被 q_1 整除。但是所有的 p_i 都是素数。因此,由此可得,仅有一个 p 能被 q_1 整除,而 q_1 就等于这个 p,不妨设它是 p_1。(如有需要,可以对这些 p_i 重新标记,使其中的一个等于 q_1。)现在,将两边都除以 $p_1=q_1$。于是我们还剩下

$$p_2 \cdot p_3 \cdot \cdots \cdot p_m = q_2 \cdot q_3 \cdot \cdots \cdot q_n$$

重复该过程,直到所有 q_i 都消失。此时,也就不可能有 p_i 留下来了。因为**所有**原有的 q 的乘积已假定为等于 N,所以 N 的整个值已从那些 p 的乘积中除掉了。这样我们就把每个 q 与某一个 p 完全等同起来了,而这就是我们一开始要证明的。

因为每个数要么本身就是素数,要么可以以唯一的方式分解为其素因数的乘积,但不能再分解为其他素因数,所以素数似乎被赋予了某种基本的重要性。如果它们确实是数的体系的构造要素,那么它们就应该出现在许多公式中,我们会期望所有的数值计算都能很容易地用素数表示出来。不幸的是,事实远非如此。尽管素数理论上似乎隐藏着许多秘密,但到目前为止,我们还无法找到用以解答的钥匙。其中一些锁是如此坚固,以至于数论学家开始认为也许根本就没有开启它们的钥匙,以至于我们一直在提出错误的问题,还以至于到目前为止,素数的一些被认为很重要的性质,却可能只是微不足道的偶然的巧合。我们会在后文中回到这个主题上来。

---

① 重要的是,这些引理并不依赖于因数分解的唯一性,因为这正是我们要设法证明的。在构造一个证明时,"你能有多小心"是一个很棘手的问题。在本书中,我们往往不完全严格地给出证明。不过,我们会设法指出,何时我们确实在证明什么,何时我们并不打算去证明什么。数学中的"伪证明"是非常令人反感的。——原注

01

人们通常感兴趣的是,找出两个给定的数是否具有一些公因数,以及如果有的话,是哪些因数。解答这两个问题的一种方法是:将其中每个数都分解成其素因数的乘积,然后对它们的两个素因数列表加以比较。不过,还有一种更好的方法,这种方法是从欧几里得那里传承下来的,并以他的姓氏命名。这种"欧几里得算法"指出,不仅是这两个数的某个公因数,而是它们的所有公因数,都合在一起出现在这两个数的最大公因数(或除数)之中。

欧几里得算法的运算取决于这样一个事实:如果两个数有一个公因数 p(即它们都能被 p 整除),那么 p 也是它们的差的一个因数。以 p 为一个因数的两个数可以分别写成 ap 和 bp。于是,它们的差 $ap-bp=(a-b)p$ 也有因数 p。

让我们用欧几里得算法来求 108 和 30 的最大公因数。这两个数之差是 78。因此,根据上一段,78 的某个因数也会是 108 和 30 的因数。然后我们考虑 78 和 30,并重新开始这一过程。现在这两个数的差是 48。再来求下一个差,48−30,结果是 18。之后我们计算 30−18 = 12,然后是 18−12 = 6,接着是 12−6 = 6,最后是 6−6 = 0。在我们到达零之前的最后一个数就是其最大公因数,在本例中就是 6。

有两点应该说明。第一点,有一条捷径。我们必须从 108 中三次减去 30,才能得出一个小于 30 的数,即 18。而除法是重复减法的捷径,就像乘法是重复加法的捷径一样。那么,为什么不把 108 除以 30,取余数 18 作为我们的下一个除数呢?欧几里得就是这么做的。整个计算过程看起来是这样的:

$$108 \div 30 = 3 \cdots\cdots 18$$

$$30 \div 18 = 1 \cdots\cdots 12$$

$$18 \div 12 = 1 \cdots\cdots 6$$

$$12 \div 6 = 2$$

需要说明的第二点更为重要:我们怎么知道 6 是此时的**最大**公因数呢?

仅仅因为 6 是由该过程得出的余数为零的第一个除数？因为只要存在任何非零余数，那就意味着这个除数本身不是被除数的一个因数。我们知道，公因数同时是这两个数的因数。任何除数的最大因数当然是这个因数本身；我们一到被除数能被整除的时候就停了下来。如果有一个更大的因数，那么它会出现得更快。

我们前面提到过，合数 14 和 45 是互素的。欧几里得算法印证了这一点：

$$45 \div 14 = 3 \cdots\cdots 3$$
$$14 \div 3 = 4 \cdots\cdots 2$$
$$3 \div 2 = 1 \cdots\cdots 1$$
$$2 \div 1 = 2$$

因此，最大公因数为 1。

这当然是一个相当了不起的过程，它可以告诉我们两个数是否有公因数，而**不必对其中任何一个数进行因数分解**。

02

随机选出两个数,它们互素的概率是多少? 如果你能以某种方式把"所有"正整数放进一顶大帽子里,把它们打乱,然后抽出两个,你认为它们互素的概率大还是不互素的概率大? 乍一看,这个问题似乎很难回答。这就是我们问这个问题的原因。

这里的第一个难点是"所有"。我们所说的随机选出的任意两个数是什么意思? 这个概念并不具有可操作性,因为事实上你不能把所有的数都放在一顶帽子里。

有两种方法可以克服这个难点。其中一种是,我们可以想象从所有正整数的整个集合中随机地"掉出"两个数。如果这不能让你满意(很多数学家对此也丝毫不觉得满意),我们实际上可以对前几个数(比如 1 到 100,包括两头)做这件事情,然后再对 1 到 1000 做这件事情,以此类推。在这样做了几步之后,我们就会发现,答案逐渐稳定下来,或者像数学家们所说的那样,趋向于一个极限。在这个问题中,收敛到这个极限是很快的。

在我们着手解决这个问题之前,我们必须先收集必要的"弹药"。我们的"武器"包括概率论的一些思想和原理。

将某一事件出现成功结果的方式数,除以所有结果的方式总数,由此得出的数值称为该事件的成功概率。掷出的硬币有两种结果——正面朝上或反面朝上。如果你把赌注押在正面朝上,那么只有其中一种结果是成功的。因此我们说,任何一次掷硬币,掷出正面朝上的概率是 $\frac{1}{2}$。再举一例:一个普通的立方体骰子有 6 个面,所以如果我们试图掷出比如说 1,那么成功的概率就是 $\frac{1}{6}$。

因为一次实验要么成功要么不成功,所以成功的方式数加上失败的方式数就等于实验结果的总数。因此,如果 p 是成功的概率,q 是失败的概率,那么我们就有

$$p+q=\frac{\text{成功数}}{\text{总数}}+\frac{\text{失败数}}{\text{总数}}=\frac{\text{成功数}+\text{失败数}}{\text{总数}}=1$$

即

$$p+q=1\text{，或 }q=1-p$$

接下来，我们必须了解"独立事件的联合概率"。如果用一枚硬币掷出正面朝上的概率是$\frac{1}{2}$，那么掷两枚硬币时它们都正面朝上的概率有多大？（请注意，我们不允许在各次试验中出现有偏的硬币①或作弊的骰子。）

如果我们在一个杯子里摇晃两枚硬币，然后把它们扔到桌子上，那么每枚硬币的下落方式都被认为是独立的。因此，我们只需再看一下获得结果的总方式数。有3种可能的结果（H 表示正面朝上，T 表示反面朝上）：

TT 或 *HT* 或 *HH*

既然其中只有一种结果是成功的（两枚都正面朝上），那么掷出两枚硬币都正面朝上的概率一定是$\frac{1}{3}$吗？错。你无疑已经发现了错误：我们忘了列出第四种可能性，即 *TH*，它与 *HT* 是不同的（如有必要，请给硬币做上

① 什么是无偏的或有偏的硬币？很明显，就是一枚掷出正面和反面的可能性相同或不相同的硬币。但是，如果我们说两个事件发生的"可能性相等"，那么我们的意思是指它们发生的概率是相等的。因此，我们是在兜圈子。概率的纯数学定义，即不需要可能性相等这一先验概念的定义还没有出现。

有人说："将一枚硬币掷很多次。把掷出正面的次数除以投掷的总次数。随着投掷次数的增加，这个商会接近一个固定的极限，称其为投掷一次出现正面的概率。"

概率的这一经验定义的问题在于，实验者预计最终的概率会是$\frac{1}{2}$。事实上，他事先就知道这个概率必定是$\frac{1}{2}$——因为他事先就明白他想要的概率意味着什么！如果投掷很多次的结果是，出现正面的次数系统地多于出现反面的次数，那么他会得出掷出正面的概率一般而言大于$\frac{1}{2}$的结论吗？恰恰相反，他会得出这样的结论：他投掷的是一枚有偏的硬币。——原注

标记)。因此,正确的概率不是$\frac{1}{3}$,而是$\frac{1}{4}$。

做这个实验的另一种方法是,掷一枚硬币,记录下结果,然后把它捡起来再掷一次。第一次掷出正面朝上的概率是$\frac{1}{2}$,但在那之后,只有一半的机会能再次掷出正面朝上,所以要求的概率是它们的乘积:$\frac{1}{2}\times\frac{1}{2}=\frac{1}{4}$。

如果我们掷3枚硬币(或者将一枚硬币掷3次),结果会如何? 此时可能的结果是

$$TTT \quad\quad TTH \quad\quad HHT \quad\quad HHH$$
$$THT \quad\quad HTH$$
$$HTT \quad\quad THH$$

这8种情况中,只有一种是3枚都正面朝上,因此掷出3枚(或掷3次)都正面朝上的概率就是$\frac{1}{8}$。

通过这样的考虑,就形成了一条定律:n个独立事件的联合概率是它们各自概率的乘积。我们可以通过将每一枚(或每一次)硬币分别得到正面朝上的概率相乘而得出$\frac{1}{8}$,即$\frac{1}{2}\times\frac{1}{2}\times\frac{1}{2}=\frac{1}{8}$。

我们的武器库中,威力最大的武器是下面这个相当惊人的等式:

$$\left(1+\frac{1}{2^2}+\frac{1}{3^2}+\frac{1}{4^2}+\frac{1}{5^2}+\cdots\right)\times\left(1-\frac{1}{2^2}\right)\times\left(1-\frac{1}{3^2}\right)\times\left(1-\frac{1}{5^2}\right)\times\left(1-\frac{1}{7^2}\right)\times\left(1-\frac{1}{11^2}\right)\times\cdots=1$$

其中的第一个括号里是一个无穷级数,其各项是所有正整数的平方的倒数。利用"积分检验"可以证明这个级数是收敛的。事实上,我们已经知道它收敛到$\frac{\pi^2}{6}$这个值。[1] 很遗憾,我们目前没有证明这一有趣结论需要用到的那些数学工具。这可以用傅里叶级数来证明,但这个主题远远超

---

[1] 高等微积分的任何标准课本都会证明这一点,例如:*Advanced Calculus*,Angus Taylor(Ginn & Co.,Boston,1955),Ex. 3,p. 717。——原注

出了本书的范围。我们请你相信这一点，因为我们需要这个等式来解答相关问题。

再看一下这个等式，我们发现第一个长括号后面的每个括号里都包含着一个**素数**的平方的倒数。为了证明这个等式左边的无穷多个因式的乘积确实给出了 1 这个值，我们开始做乘法运算：

$$1+\frac{1}{2^2}+\frac{1}{3^2}+\frac{1}{4^2}+\frac{1}{5^2}+\frac{1}{6^2}+\cdots$$

$$1-\frac{1}{2^2}$$

$$\overline{}$$

$$1+\frac{1}{2^2}+\frac{1}{3^2}+\frac{1}{4^2}+\frac{1}{5^2}+\frac{1}{6^2}+\cdots$$

$$-\frac{1}{2^2}\qquad-\frac{1}{4^2}\qquad-\frac{1}{6^2}\qquad-\cdots$$

$$\overline{}$$

$$1\qquad+\frac{1}{3^2}\qquad+\frac{1}{5^2}\qquad+\cdots$$

很明显，$\frac{1}{2^2}$ 的所有倍数都被第一个因式消去了。继续做下一个乘法：

$$1+\frac{1}{3^2}+\frac{1}{5^2}+\frac{1}{7^2}+\frac{1}{9^2}+\cdots$$

$$1-\frac{1}{3^2}$$

$$\overline{}$$

$$1+\frac{1}{3^2}+\frac{1}{5^2}+\frac{1}{7^2}+\frac{1}{9^2}+\cdots$$

$$-\frac{1}{3^2}\qquad\qquad-\frac{1}{9^2}\qquad-\cdots$$

$$\overline{}$$

$$1\qquad+\frac{1}{5^2}+\frac{1}{7^2}\qquad+\frac{1}{11^2}+\cdots$$

此时，$\frac{1}{3^2}$ 的所有倍数都被消去了。我们不需要考虑 $\frac{1}{4^2}$ 的倍数，因为它们已经作为 $\frac{1}{2^2}$ 的倍数被消去了。我们只需要考虑接下去的各个**素数**，即

$\dfrac{1}{5^2},\dfrac{1}{7^2},\cdots$ 的倍数。在经过几步之后,我们很容易就能确信,每次我们都只剩下 1 加上"一个非常小的量",并且这个非常小的量每经过一步都会变得更小。因此,我们只要经过足够多步,就可以把它变小到我们想要的任何程度。数学家总结这一切时是这样说的:这个"部分积"趋近极限 1。而当他说这个等式左边的那个无穷积为 1 时,也正是这个意思。

于是,我们就可以说

$$\left(1-\frac{1}{2^2}\right)\times\left(1-\frac{1}{3^2}\right)\times\left(1-\frac{1}{5^2}\right)\times\cdots=\frac{1}{\dfrac{\pi^2}{6}}=\frac{6}{\pi^2}$$

我们终于可以着手求解一开始的那个问题了。我们的所有武器都已准备就绪,这场征战将变得轻而易举。

设 m 和 n 是给定的随机数,设 a 是任意素数。现在所有整数被 a 整除的概率为 $\dfrac{1}{a}$,这是因为每 a 个整数有一个能被 a 整除。因此,m 能被 a 整除的概率是 $\dfrac{1}{a}$。同样地,n 能被 a 整除的概率也是 $\dfrac{1}{a}$。因此,m 和 n 都能被 a 整除的概率是联合概率 $\dfrac{1}{a}\times\dfrac{1}{a}=\dfrac{1}{a^2}$。所以 m 和 n 不都能被 a 整除的概率是 $1-\dfrac{1}{a^2}$(你应该认出了我们的初步讨论中的 q。)

现在,m 和 n 互素的概率 P,意味着对于所有素数 a,概率 $\left(1-\dfrac{1}{a^2}\right)$ 都会发生。因此,再次应用联合概率可得

$$P=\left(1-\frac{1}{2^2}\right)\times\left(1-\frac{1}{3^2}\right)\times\left(1-\frac{1}{5^2}\right)\times\cdots=\frac{6}{\pi^2}$$

≈0.61(如果有人对它的十进制值感兴趣的话,就可以这样表示)

如果我们从一个有限的集合中随机选择两个数,并相应地计算出它们互素的概率,那么我们会发现,随着集合的增大,这个概率会迅速接近 0.61。

我们已经详细地讨论了这个问题，因为它能说明一个很容易提出的问题实际上会导致人们在寻找答案的过程中走得很远。我们的问题是关于公因数的，而要解决这个问题，需要的不仅仅是数论。我们不得不深入研究各种概率；我们必须对无穷级数的收敛性和无穷积的乘法有所了解；我们还需要那个收敛到 $\dfrac{\pi^2}{6}$ 的级数，从专业上来讲它是黎曼 ζ 函数的一个值。

03

在上一节中,我们假设了一个我们尚未证明的事实:素数有无穷多个。在那个 P 的表达式中,一连串的括号应该永不终止。我们是怎么知道的?为什么我们确信会有永远用不完的素数?

证明一个集合包含无穷多个元素的方法之一,是展示一条构造的规则或定律,通过该规则或定律,可以从该集合中的一个任意元素得到一个更大的元素(通常是**下一个**更大的元素)。因此,正整数集合是无穷的,因为任意给定一个数 N,无论它有多大,总会有另一个更大的数,即 $N+1$。

以我们目前的知识水平,还无法为素数提供这样的一个**构造性**证明。如果能够求助于一个公式,甚至是一个递归关系,让它来生成素数,那将是一件令人愉快的事情。不幸的是,我们不得不放弃这种奢望。不过,我们可以通过证明不存在最大的素数这一点,来证明素数有无穷多个。因为在一个有限的集合中,总是存在某个最大元素。

证明是通过反证法进行的。暂且假设存在一个最大的素数,比如 N。然后构造数 $Q=N!+1$。符号 $N!$ 表示

$$N\times(N-1)\times(N-2)\times\cdots\times3\times2\times1$$

例如,$5!=5\times4\times3\times2\times1=120$。现在来看 $5!+1$。它当然不能被 2、3、4 或 5 中的任何一个数整除:在任何情况下都会产生余数 1,因为 $5!$ 能被其中每个除数整除。由此得到以下两种情况之一:要么 $5!+1$ 是素数(它碰巧不是),要么 $5!+1$ 能被某个大于 5 的素数整除(它可以被 11 整除)。根据完全同样的推理,Q 要么是素数(它当然大于 N),要么能被一个大于 N 的素数整除。无论是哪种情况,N 都不是最大的素数,我们关于存在一个最大素数的假设就被证明是不成立的。

我们刚才说过,目前还没有一个已知的公式可以生成所有的素数。如果数学家们能找到一个保守得多的方法,他们就会很高兴了,这就是一个**在任何情况下都**可以确保能产生素数的过程(这与产生**所有素数**是截然不同的概念)。费马(Pierre de Fermat)认为他可能已经得到了这样一个公式:

$$F_n = 2^{2^n} + 1$$

依次将 $0, 1, 2, 3, 4$ 代入 n，得到

$$F_0 = 2^{2^0} + 1 = 3$$

$$F_1 = 2^{2^1} + 1 = 5$$

$$F_2 = 2^{2^2} + 1 = 17$$

$$F_3 = 2^{2^3} + 1 = 257$$

$$F_4 = 2^{2^4} + 1 = 65\ 537$$

以上这些确实都是素数。但接下去，这个过程就出问题了，因为

$$F_5 = 2^{2^5} + 1 = 4\ 294\ 967\ 297$$

这是一个合数。不巧的是，费马没有找到它的因数 641 和 6 700 417，这一点并不令人吃惊。更大的费马数是长期以来的研究主题之一，到目前为止，还没有在这种形式的数中找到更多的素数。

有一个能产生些许素数的公式是

$$Y = x^2 - x + 41$$

如果你代入 $x = 1$，或者 2，或者 3，一直到 $x = 40$，那么得到的 Y 都是素数。但是代入 $x = 41$，产生了合数 $Y = 41^2$。我们在前面提到过一个类似的公式，即

$$Y = x^2 - 79x + 1601$$

如前所述，它在 $x = 80$ 时首次失效，此后又多次失效。

事实上，**没有任何**关于 x 的多项式能对所有的 x 都产生素数。为了证明这一说法，我们假设相反的情况，并观察会发生什么。

假设存在这样的一个多项式：

$$Y(x) = a_0 + a_1 x + a_2 x^2 + \cdots + a_n x^n$$

这些 a 可以是任何整数，即正整数、负整数或零，它们的下标 $0, 1, 2, \cdots, n$ 只是作为标记。x 的上标和通常一样表示幂。$Y(x)$ 表示将 x 的值代入其中后，该多项式的值。由于假定了它对所有的 x 都生成素数，因此选择某个 x，比如 $x = b$，就会产生素数 $p : Y(b) = p$。我们现在证明，对于任何 $m = 1, 2, 3, \cdots$，$Y(b + mp)$ 都能被 p 整除。

$$Y(b+mp) = a_0 + a_1(b+mp) + a_2(b+mp)^2 + \cdots + a_n(b+mp)^n$$

将这些括号展开,并将每个括号中的第一项分离出来,我们得到

$Y(b+mp) = [a_0 + a_1b + a_2b^2 + \cdots + a_nb^n] + [$许多其他项,每一项都包含 p 作为一个因数$]$

但第一个方括号恰好是 $Y(b) = p$。从第二个方括号中将 p 提取出来,我们可以写成

$$Y(b+mp) = p + p \times (b,m,p \text{ 的另一个多项式})$$

当 m 取无穷多个正整数值时,m 的这个 n 次新多项式也必定给出无穷多个整数值,因为任何多项式(除了常数)都不能得出超过 n 次的相同值。然而,我们有无穷多个 x 值,即每个 $(b+mp)$,因此将它们代入原多项式时,它们都会产生能被 p 整除的不同 Y 值,这就与假设相矛盾了。因此,不存在这样的生成素数的多项式。

第4章 同余运算

同余运算在建筑业中很常用。设计师、制造商,甚至木匠和泥瓦匠,他们即使从未学习过数论,也会每天都使用同余运算。完全出于实际的经济原因,在现代工业的一些方法中已引入了**模**这个曾经属于抽象且纯理论的概念。

如果一块预制墙板长为 8 英尺①,那么建筑商会将其视为一个模块,并为建筑的各种元素寻找适合这个 8 英尺模块的长度。建筑师会尽可能地将所有墙壁的长度规划为 8 英尺的倍数。如果瓷砖、窗户和其他所有部件都能与该模块相匹配,那么把它们组装起来所遇到的麻烦就会最小。

不过,以这种方式建造整栋房子也许不可能做到。假设木匠在看图纸时,发现了一堵 11 英尺长的墙,而在另一处,他又发现了一堵 19 英尺长的墙。他注意到,用一块 8 英尺长的预制墙板搭建那堵 11 英尺长的墙,就会留出 3 英尺的空缺;而用两块 8 英尺长的预制墙板搭建那堵 19 英尺长的墙,同样会留下 3 英尺的空缺。因此,在这两种情况下要处理的问题是相同的。使用多少模块化的墙板并没有什么区别,这部分工作是容易的。必须用某种手工操作来填充的是那个 3 英尺长的空缺——墙的长度除以 8 留下的那个**余数**。木匠在这两种情况下遇到的问题是完全一

---

① 1 英尺≈30.5 厘米。由于单位不影响计算,因此下文中保留原单位。——译注

样的,这一事实用数论语言表达,就是 11 与 19 对模 8 来说是**同余**的,即

$$19 \equiv 11 (\bmod\ 8)$$

读作"19 与 11 对模 8 同余"。注意余数在这里所起的关键作用。一旦将模确定为除数,若将两个数除以此模,得出的两个余数相等,则这两个数就是同余的。

为了确保你足够熟悉我们打算大量使用的同余概念,下面再举一个例子。

如果有一位科学家正在进行一项实验。在该实验中,他需要记录自实验开始以来已经过去的总小时数,他可以将各个小时按顺序标记为 1,2,3,…。当 41 个小时过去时,就是"实验时间"的 41 点钟。他如何将实验时间还原成普通时间? 如果实验时间的零点对应于午夜零点,那么这个任务就很简单了:只需将实验时间除以 12,余数就是一天中的普通时间。因此,实验时间的 41 点钟就是普通时间 5 点钟,因为 41 除以 12 的余数为 5,或者说 41 与 5 对模 12 同余:

$$41 \equiv 5 (\bmod\ 12)$$

为了转换成一天中的普通时间,我们并不需要知道 41 中包含了多少个 12,而只需要知道余数是 5 就行了。当然,如果要区分上午和下午,最好是除以 24。于是我们就会发现,41 与 17 对模 24 同余(41 除以 24 的结果为 1 余 17)。这意味着,实验时间的 41 点钟是午夜之后 17 个小时。而 $17 \equiv 5 (\bmod\ 12)$,这意味着午夜之后 17 个小时就是下午 5 点。事实上,我们只是将所有下午的时间以模 12 减小。

$41 \equiv 5 (\bmod\ 12)$ 显然还有另一个含义,即 $(41-5)$ 是 12 的一个倍数:减去余数后,当然就能整除了。如果这个成立,那么对于任何整数 k,$(41-5)k$ 也是 12 的倍数。而这意味着 $41k - 5k$ 是 12 的倍数,或者换句话说,

$$41k \equiv 5k (\bmod\ 12)$$

我们开始领会到,将同余符号选择为类似于等号的样式是有充分理由的。我们可以将同余式的两边乘相同的数,就像可以将等式的两边乘相同的数一样:

$$若\ a \equiv b(\bmod\ m),则\ ak \equiv bk(\bmod\ m)$$

在普通的等式中,我们可以将等式两边乘一个等量,也可以将等式两边加上一个等量。我们有必要知道同余运算是否也遵循这些法则。

$$给定\ a \equiv b(\bmod\ m)\ 和\ c \equiv d(\bmod\ m)$$

$$那么\ ac \equiv bd(\bmod\ m)\ 是否成立?$$

这个问题相当于,$ac-bd$ 能被 m 整除吗?

在这里,

$$c \equiv d(\bmod\ m)$$

表明,对于某个整数 k,有 $c-d=km$,或者 $c=km+d$。因此,

$$ac-bd = a(km+d)-bd$$
$$= akm+ad-bd$$
$$= akm+d(a-b)$$

而 $(a-b)$ 能被 m 整除,这是 $a \equiv b(\bmod\ m)$ 所断言的。因此,m 是 $ac-bd$ 的一个因数,或者说

$$ac \equiv bd(\bmod\ m)$$

等量与等量的加法更容易验证:

$$对于某个\ j, \qquad\qquad a-b=jm$$
$$对于某个\ k, \qquad\qquad c-d=km$$
$$则对于某个\ l=j+k, \quad (a+c)-(b+d)=(j+k)m=lm$$

证毕。

我们还将用到另一个性质,它的证明比刚才给出的两个稍微简洁一些:

$$若\ a \equiv b(\bmod\ m),则\ a^k \equiv b^k(\bmod\ m)$$

也就是说,我们可以对同余式的两边都取相同的正整数次幂。

证明:a^k-b^k 总是能被 $a-b$ 整除,而 $a-b$ 能被 m 整除(根据给定条

件）。因此，a^k-b^k 也能被 m 整除。于是证明就完成了。

如果你不相信 a^k-b^k 总是能被 $a-b$ 整除，那就用长除法试一试。这时的商就是所谓的 $k-1$ 阶"分圆"表达式：

$$a^{k-1}+a^{k-2}b+a^{k-3}b^2+\cdots+a^2b^{k-3}+ab^{k-2}+b^{k-1}$$

同余关系和普通的相等关系一样，是一种**等价关系**。这意味着，这种关系必须具有下列 3 个属性：

（1）自反性：$a\equiv a\,(\mathrm{mod}\ m)$；

（2）对称性：若 $a\equiv b\,(\mathrm{mod}\ m)$，则 $b\equiv a\,(\mathrm{mod}\ m)$；

（3）传递性：若 $a\equiv b\,(\mathrm{mod}\ m)$ 且 $b\equiv c\,(\mathrm{mod}\ m)$，则 $a\equiv c\,(\mathrm{mod}\ m)$。

如果将一个数除以 m，那么包括 0 在内只有 m 个可能的余数。如果我们将每一个整数，无论是正整数、负整数还是零，都根据它们对于模 m 的余数来识别，那么我们就把所有的整数划分成了对于模 m 的**剩余类**，或者叫**同余类**。正是这种将无穷多个整数简化为可比较的有限类的方法，赋予了模运算相当大的威力。例如，由于 8、15、22、29 等，以及 -6、-13 等都与 1 对模 7 同余，所以它们是模 7 的同一剩余类的成员。另一种说法是，当我们计数超过 7 时，我们就重新开始。在 7 的模运算中，8 在很多意义上都等价于 1。

在我们的日常生活中有一个与这一切相关的例子，那就是时钟算术，每过 12 小时就重新开始计数。我们没有太多机会把一天中的时间相加或相乘。如果一定要这样做，我们就会需要特殊的加法表和乘法表。但这些表格并不是无限延伸的，分别只需要一个 12×12 的正方形。简洁起见，我们在此展示模 5 运算的加法表（表 4.1）和乘法表（表 4.2）。

表 4.1　模 5 运算的加法表

	0	1	2	3	4
0	0	1	2	3	4
1	1	2	3	4	0
2	2	3	4	0	1
3	3	4	0	1	2
4	4	0	1	2	3

表 4.2　模 5 运算的乘法表

	0	1	2	3	4
0	0	0	0	0	0
1	0	1	2	3	4
2	0	2	4	1	3
3	0	3	1	4	2
4	0	4	3	2	1

在数论中,人们必须经常处理非常大的数。如果能将这些数缩减到等价的、较小的数,就可以避免大量耗时的工作。这是模运算的一大贡献。

例 1　999 999 能被 7 整除吗?

我们稍后会发现,这并不是一个看似空洞的问题。当然,我们可以不太困难地用短除法完成它。不过,下面我们将用同余的思想来进行:

$$999\ 999 = 10^6 - 1$$

$$10 \equiv 3\ (\mathrm{mod}\ 7)$$

$$\therefore\ 10^6 \equiv 3^6\ (\mathrm{mod}\ 7)$$

而　　　　　$$3^6 = (3^2)^3 = 9^3,且\ 9 = 2\ (\mathrm{mod}\ 7)$$

$$\therefore\ 9^3 \equiv 2^3 \equiv 1\ (\mathrm{mod}\ 7)$$

最后,由上面各有关的同余式,就有

$$10^6 \equiv 1\ (\mathrm{mod}\ 7)$$

也就是说,999 999 能被 7 整除。

例 2　任何奇数的所有偶数次幂都与 1 对模 8 同余。

这个模运算将整数划分为 8 个剩余类。根据定义,任意一个奇数都与 1、3、5、7 中的一个对模 8 同余。因为对同余式的两边都取相同的幂(以获得任何偶数次幂)不会改变同余性,所以如果我们将这 4 个可能的同余的两边都取平方,就得出每个奇数的平方都与 1、9、25 或 49 中的一个对模 8 同余。而这些数恰好都与 1 对模 8 同余。①

例 3　我们在第 3 章中曾经说到,第五个费马数

$$F_5 = 2^{2^5} + 1 = 2^{32} + 1$$

能被 641 整除。让我们不使用任何可怕的算术计算来证明这一点。

我们并不急于取 2 的 32 次方,而是考虑

$$640 = 10 \times 64 = 5 \times 128 = 5 \times 2^7 \equiv -1 \, (\mathrm{mod}\ 641)$$

两边都取 4 次方,得

$$5^4 \times 2^{28} \equiv 1 \, (\mathrm{mod}\ 641)$$

而

$$5^4 = 625 \equiv -16 \, (\mathrm{mod}\ 641)$$

我们可以将其写成　　　　　$5^4 \equiv -2^4 \, (\mathrm{mod}\ 641)$

具有相同余数的两个数属于同一等价类,其中一个可以被另一个替换而不破坏同余性。② 这就是说,我们可以写成

$$-2^4 \times 2^{28} \equiv 1 \, (\mathrm{mod}\ 641)$$

$$-2^{32} \equiv 1 \, (\mathrm{mod}\ 641)$$

$$2^{32} \equiv -1 \, (\mathrm{mod}\ 641)$$

$$2^{32} + 1 \equiv 0 \, (\mathrm{mod}\ 641)$$

---

① 这 8 个剩余类可记为 $\bar{0} = \{\cdots, -8, 0, 8, \cdots\}$, $\bar{1} = \{\cdots, -7, 1, 9, \cdots\}$, $\bar{2} = \{\cdots, -6, 2, 10, \cdots\}$, $\bar{3} = \{\cdots, -5, 3, 11, \cdots\}$, $\bar{4} = \{\cdots, -4, 4, 12, \cdots\}$, $\bar{5} = \{\cdots, -3, 5, 13, \cdots\}$, $\bar{6} = \{\cdots, -2, 6, 14, \cdots\}$, $\bar{7} = \{\cdots, -1, 7, 15, \cdots\}$。

设 m 是一个奇数,则 $m \in \bar{1}$ 或 $\bar{3}$ 或 $\bar{5}$ 或 $\bar{7}$,即 $m \equiv 1 \, (\mathrm{mod}\ 8)$,或 $m \equiv 3 \, (\mathrm{mod}\ 8)$,或 $m \equiv 5 \, (\mathrm{mod}\ 8)$,或 $m \equiv 7 \, (\mathrm{mod}\ 8)$,于是有 $m^2 \equiv 1 \, (\mathrm{mod}\ 8)$,或 $m^2 \equiv 9 \, (\mathrm{mod}\ 8) \equiv 1 \, (\mathrm{mod}\ 8)$,或 $m^2 \equiv 25 \, (\mathrm{mod}\ 8) \equiv 1 \, (\mathrm{mod}\ 8)$,或 $m^2 \equiv 49 \, (\mathrm{mod}\ 8) \equiv 1 \, (\mathrm{mod}\ 8)$,即 m^2 与 1 对模 8 同余。——译注

② 定理:如果 $a \equiv b \, (\mathrm{mod}\ m)$,并且如果 $ac \equiv d \, (\mathrm{mod}\ m)$,那么 $bc \equiv d \, (\mathrm{mod}\ m)$。

证明:$a \equiv b \, (\mathrm{mod}\ m)$ 就意味着 $a = b + km$。

现在,如果 $ac \equiv d \, (\mathrm{mod}\ m)$,那么用 a 的等式替换 a,得到

$(b + km)c \equiv d \, (\mathrm{mod}\ m)$

或 $bc + kmc \equiv d \, (\mathrm{mod}\ m)$

即 $bc - d \equiv -kmc \equiv 0 \, (\mathrm{mod}\ m)$

所以 $bc \equiv d \, (\mathrm{mod}\ m)$——原注

02

当我们证明同余式和等式之间的密切类似关系时,我们小心翼翼地没有提到等式的一个性质:"式子两边可以除以一个等量。"我们现在要问的是,在什么条件下(如果有的话),可以从同余式的两边除以一个整数? 即

给定 $ab \equiv ac(\bmod m)$,什么时候会有 $b \equiv c(\bmod m)$?

像往常一样,我们回到同余的意义上来。我们给定的条件表明

$(ab-ac)$ 能被 m 整除,或 $a(b-c)$ 能被 m 整除

我们想要得出的结论是

$(b-c)$ 能被 m 整除

如果 m 和 a 是互素的,这当然是成立的。因为此时乘积 $a(b-c)$ 不可能有其他方式被 m 整除。如果 a 和 m 不是互素的,那我们就不能确定了:$(b-c)$ 也许能被 m 整除,也许不能被 m 整除。

举例来看:

(a) $99 \equiv 9(\bmod 10)$

$11 \equiv 1(\bmod 10)$

本例中的第二个同余式可以由第一个同余式除以 9 得到,9 是一个与作为模的 10 互素的数。

(b) $48 \equiv 12(\bmod 6)$

$8 \equiv 2(\bmod 6)$

$4 \not\equiv 1(\bmod 6)$

这里符号 $\not\equiv$ 的意思是"不同余于",就像 $\neq$ 的意思是不等于一样。在本例中,我们对第一个同余式分别除以一个与作为模的 6 不互素的数:6 和 12。第一次成功了,第二次失败了。要为这种情况制定进一步的规则并不困难,我们将此留给读者去完成。我们将更多关注情况(a),在这种情况下,除法肯定是允许的。

我们现在能证明费马提出的一条定理:如果 a 不能被素数 p 整除,那

么 $a^{p-1} \equiv 1 \pmod{p}$。①

证明:我们考虑由 $a, 2a, 3a, \cdots, (p-1)a$ 这些数构成的一个集合,并询问它们如何归入模 p 的各个剩余类中。请记住,p 将所有整数恰好分成 p 个剩余类。但是,我们的那个集合中没有一个数与 p 本身对模 p 同余,因为我们在 $(p-1)a$ 处停止,而 a 不能被 p 整除。

此外,该集合中没有任何两个数是对模 p 同余的,也就是说,它们之中的任意两个都不属于同一个剩余类。这是因为,如果 $xa \equiv ya \pmod{p}$,那么根据我们的除法定理,有 $x \equiv y \pmod{p}$。这就产生了矛盾。因此,该集合中的每一个数都与 $1, 2, 3, \cdots, (p-1)$ 中的某一个对模 p 同余(不一定按此顺序)。这种情况与模 5 的乘法表中展示的情况相同,参见表 4.2。因此,该集合中的所有数的乘积与乘积 $(p-1)!$ 对模 p 同余。也就是说,把 a 提取出来,有

$$a^{p-1}(p-1)! \equiv (p-1)! \pmod{p}$$

现在我们知道 $(p-1)!$ 不能被 p 整除,所以我们可以在同余式中除以它,从而得到

$$a^{p-1} \equiv 1 \pmod{p}$$

如果我们之前就知道了这条定理,那就不必费力去证明

$$10^6 \equiv 1 \pmod{7}$$

费马小定理表明,该式成立。②

现在我们来看看下面这些二项式展开。

$$(x+y)^0 = 1$$
$$(x+y)^1 = 1x + 1y$$
$$(x+y)^2 = 1x^2 + 2xy + 1y^2$$
$$(x+y)^3 = 1x^3 + 3x^2y + 3xy^2 + 1y^3$$
$$(x+y)^4 = 1x^4 + 4x^3y + 6x^2y^2 + 4xy^3 + 1y^4$$
$$\cdots\cdots$$

很容易看出 x 和 y 的各个指数是如何形成的。问题是如何预测各个系数。这些系数就是著名的**二项式系数**,它们的形成规律已经众所周知。从任意给定的一行系数获得下一行系数并不困难。采用一种梗概式的乘法标记法,我们只列出每一项的系数部分:

$(x+y)^4$	1	4	6	4	1
$(x+y)$	1	1			
	1	4	6	4	1
		1	4	6	4	1
$(x+y)^5$	1	5	10	10	5	1

所有这些系数都可以用图解方式排列成帕斯卡三角形(Pascal Triangle)[1],如图 4.1 所示。这个三角形的每一行中的每一个数都是通过将上一行中离它最近的(斜上方的)两个数相加而获得的,只有各行两端的两个数除外,它们始终是 1。在第 n 行中展开的第 $(k+1)$ 项的系数,即 $(x+y)^n$ 中的第 $(k+1)$ 个系数,其一般表达式是

---

[1] 帕斯卡三角形以法国数学家、物理学家、哲学家帕斯卡(Blaise Pascal, 1623—1662)的姓氏命名,在我国它被称为杨辉三角形或贾宪三角形。参见《他们创造了数学——50 位著名数学家的故事》,波萨门蒂著,涂泓、冯承天译,人民邮电出版社,2022。——译注

帕斯卡三角形的第三条从右上到左下的对角线全部由三角形数组成。你知道为什么会这样吗?——原注

```
                    1
                  1   1
                1   2   1
              1   3   3   1
            1   4   6   4   1
          1   5  10  10   5   1
        1   6  15  20  15   6   1
      1   7  21  35  35  21   7   1
    1   8  28  56  70  56  28   8   1
  1   9  36  84 126 126  84  36   9   1
  ·   ·   ·   ·   ·   ·   ·   ·   ·   ·
```

图 4.1　帕斯卡三角形

$$\frac{n!}{k!(n-k)!} \quad ①$$

这表示从 n 个元素中一次取出 k 个元素的所有组合的个数,因为这正是获得具有与该系数对应的适当指数的 x 和 y 组合的所有可能方法的数量。这些内容属于初等代数领域,而不是数论领域,因此我们就省略其证明了,希望你还记得在高中阶段学过的一些知识。

二项式系数有许多有趣的性质。假设有人问:有没有一对相邻的系数(在任何一行的任何地方),其中一个是另一个的 $\dfrac{2}{3}$?观察这个三角形,我们很快发现第 4 行的 4 和 6 符合这个条件。还有没有其他的?除了在同一行中的 6 和 4 这一对,我们第一眼看不到任何其他的了。因此,我们用一般的形式来陈述这个问题:什么时候第 $(k+1)$ 项等于第 k 项的 a 倍?这意味着

$$\frac{n!}{k!(n-k)!} = a\,\frac{n!}{(k-1)!(n-k+1)!}$$

上式可简化为

---

① 二项式系数 $\dfrac{n!}{k!(n-k)!}$ 通常缩写为 C_n^k。我们已经提到了 C_n^k 的一些基本性质,但二项式系数并不能满足所有的任意关系。例如,已经证明

$$C_{2n}^{n} = C_{2a}^{a} C_{2b}^{b}$$

没有整数解。"Notes on number theory, V", Leo Moser, *Canadian Mathematical Bulletin*, vol. 6 (1963), p. 167. ——原注

同余运算　第 4 章

$$n = ka + k - 1$$

这是一个惊喜。它告诉我们,这个问题可以有很多答案。事实上,对于任何分数 $a = \dfrac{p}{q}$,都存在无穷多个相继对,每一对都与同余于零模 q 的剩余类中的一个成员对应。例如,对于 $a = \dfrac{3}{2}$,我们只需要取

$$k = 0(\bmod 2)$$

如果 $k = 2$,可得 $n = 4$,这就是我们已经找到的那对系数:第四行中的 6 和 4。下一个是 $k = 4$,可得 $n = 9$,我们在第 9 行中可以找到 $126 = \dfrac{3}{2} \times 84$。下一对系数是第 14 行的 3003 和 2002,以此类推。对于任何分数 $\dfrac{p}{q}$,我们都可以在帕斯卡三角形的无穷多个不同位置满足这个需求,这有点出乎意料。

　　帕斯卡三角形的一个可能更重要的性质是,当且仅当 n 是一个素数时,第 n 行中的所有数(第一个和最后一个除外,它们都是 1)都能被 n 整除。因此,第 5 和第 7 行中的每个数分别都能被 5 和 7 整除,但第 8 和第 9 行并非如此。看一下系数的一般表达式

$$C = \frac{n!}{k!(n-k)!}$$

就足以发现,如果 n 是素数,那么除了第一项和最后一项之外的所有项必定都能被 n 整除。因为在将这个分数化为整数 C 所必须进行的约简中,没有什么能约去包含在 $n!$ 中的 n,所以它作为 C 的一个因数保留了下来。其逆命题也成立:如果 n 是一个合数,那么并非所有的系数 C 都能被它整除。① 这意

---

① 如果 n 是一个合数,那么并非所有的二项式系数都能被它整除。设 k 是 n 的最小素因数,展开式的第 $(k+1)$ 项为

$$j = \frac{n \cdot (n-1) \cdot \cdots \cdot (n-k+1)}{k!}$$

如果 j 能被 n 整除,那么

$$\frac{(n-1) \cdot (n-2) \cdot \cdots \cdot (n-k+1)}{k!}$$

就会是一个整数,而这是不可能的,因为分子的所有因数都不能被 k 整除。——原注

味着其中的一些数能被它整除。如何判断每一行中有哪些数能被它整除，甚至只确定有多少个数能被它整除，都是具有挑战性的未解问题。

费马小定理与这些问题密切相关，现在我们用对 a 的数学归纳法给出该定理的另一个证明。

首先我们观察到，

如果

$$a^{p-1} \equiv 1 (\bmod\ p)$$

那么

$$a^p \equiv a (\bmod\ p)$$

也就是说，费马小定理的一种等价陈述是："如果 p 是一个素数，那么 $a^p - a$ 能被 p 整除。"

在开始归纳过程时，我们首先观察到，对于 $a=1$，这条定理无疑是成立的：$1 \equiv 1 (\bmod\ p)$。现在进行归纳假设。假设以下命题成立：对于某个 a，比如 $a=b$，a^p-a 能被 p 整除。由此能否得出该假设对于 $b+1$ 也成立？也就是说，$(b+1)^p-(b+1)$ 能被 p 整除吗？将 $(b+1)^p$ 进行二项式展开，我们得到

$$(b+1)^p-(b+1) = \{b^p + [除第一项和最后一项外的所有项] + 1\} - (b+1)$$
$$= b^p - b + [除第一项和最后一项外的所有项]$$

我们已经知道，因为 p 是素数，所以括号中的每一项都能被 p 整除。根据归纳假设，b^p-b 也能被 p 整除。因此，等式的整个右边能被 p 整除，于是等式左边也必定能被 p 整除，这样证明就完成了。

04

既然费马小定理可以表示为"如果 p 是一个素数，那么 a^p-a 能被 p 整除"，人们接下去自然会问其逆命题是否成立："如果 a^p-a 能被 p 整除，那么 p 是一个素数。"如果这个命题成立，那它就会是素数的一个判别标准。[1]

奇怪的是，这一逆命题在**大多数**时候都成立，但**并不总是**如此。例如，看看 $a=2$ 的情况。现在 2^n 是帕斯卡三角形第 n 行的所有数之和（这很容易证明）。[2] 因此，2^n-2 就是除第一个 1 和最后一个 1 之外的所有数之和。我们知道，如果 n 是素数，那么这个和就能被 n 整除，因为在这种情况下，它的每一项都能被 n 整除。于是问题就产生了：即使 n 是一个合数，会不会发生这个和也能被 n 整除的情况？答案是肯定的，然而这种情况何时发生显然是不可预测的。如果我们检查前几种情况，似乎没有任何合数 n 可以使得 2^n-2 能被 n 整除。事实上，我们熟知的是，第一个例外发生在 $n=341=11\times31$ 时。[3] 如果只从表面上看，费马小定理的逆命题似乎确实是成立的，因为我们随手计算一些数的话，几乎不可能遇到 $2^{341}-2$：它是一个超过 100 位的数！

我们之所以提到这一点，主要是因为它为说明模运算的威力提供了一个很好的例子。如果先计算出 $2^{341}-2$ 的实际值，然后将它除以 341，再看看得出的结果是不是正整数，那是很难做到的。但我们有个巧妙的

---

[1] 即使费马小定理的逆命题成立，它也不能为判断素数提供一个可行的判据。我们不可能常规地处理 100 位或更多位数的数。我们之所以能够轻松处理 $n=341$ 的情况，只是因为我们事先知道它的因数有哪些。——原注

[2] 为了证明帕斯卡三角形第 n 行的所有数之和等于 2^n，只需将 2^n 按 $(1+1)^n$ 的形式展开。——原注

[3] 在 $n<2000$ 的情况下，除了 341 之外，只有 4 个合数 n 可以使得 2^n-2 能被 n 整除：561, 1387, 1729, 1905
参见狄克森（L. E. Dickson）著《数论史》（*History of the Theory of Numbers*, Stechert, New York, 1934），vol. 1, p. 94。直到大约 1915 年，此书一直是全面叙述数论的一本标准参考书。——原注

方法：

$$2^5 \equiv 1 \pmod{31}$$

故

$$(2^5)^{68} \equiv 1^{68} \pmod{31}$$

即

$$2^{340} \equiv 1 \pmod{31}$$

又

$$2^5 \equiv -1 \pmod{11}$$

所以

$$2^{340} \equiv 1 \pmod{11}$$

因此,11 和 31 都是 $2^{340}-1$ 的素因数。于是有

$$2^{341}-2 = 2 \times (2^{340}-1)$$

$$= 2 \times 11 \times 31 \times \text{另一些数}$$

$$= 2 \times 341 \times \text{另一些数}$$

05

我们的一些读者可能已经了解著名的"猴子和椰子"问题,这道题目让许多解题者跃跃欲试。我们不仅会陈述这道题目,还会为你讲解如何解答这道题目,尽管这看起来几乎像是在作弊。

5 个水手计划在第二天早上分一堆椰子。夜里,他们中的一个人醒来,决定拿走自己的那一份。他把一个椰子扔给了一只猴子,从而使椰子数可以均匀地分成 5 份,然后他拿走了剩下那堆椰子的 $\frac{1}{5}$,回去继续睡觉。其他 4 个水手也一个接一个地这样做,每个人都把一个椰子扔给了一只猴子,并拿走剩下那堆椰子的 $\frac{1}{5}$。早上,5 个水手又把一个椰子扔给一只猴子,并把剩下的椰子五等分。试问:原来那堆椰子中至少有多少个椰子?

解:如果最初的椰子数是 N,并且每个水手在最后一次平分时分到的椰子数是 a,那么可列出以下方程:

$$\frac{1}{5} \times \left(\frac{4}{5} \times \left(\frac{4}{5} \times \left(\frac{4}{5} \times \left(\frac{4}{5} \times \left(\frac{4}{5} \times (N-1) - 1 \right) - 1 \right) - 1 \right) - 1 \right) - 1 \right) = a$$

去掉括号并重新组合(一定要仔细!)就得到

$$\left(\frac{4}{5} \right)^5 N - \left[1 + \frac{4}{5} + \left(\frac{4}{5} \right)^2 + \left(\frac{4}{5} \right)^3 + \left(\frac{4}{5} \right)^4 + \left(\frac{4}{5} \right)^5 \right] = 5a$$

利用我们在推导欧几里得的完满数形式时所使用的那个几何级数公式,对括号中的这个级数求和,并去除分数,我们最终得出

$$4^5(N+4) = 5^6(a+1)$$

现在不去管 $(a+1)$ 的性质如何,唯一因数分解定理告诉我们,$5^6 = 5 \times 5 \times 5 \times 5 \times 5 \times 5$ 的所有素因数也必定包含在上式的左边。因为它们都不在 4^5 中,所以

$(N+4)$ 必定能被 $5^6 (= 15\,625)$ 整除

也就是说,

$$N \equiv -4 \,(\mathrm{mod}\ 15\,625)$$

但我们不能从-4个椰子开始。与-4在模15 625的同一个剩余类中的下一个正整数是-4+15 625=15 621。

好多椰子啊！

第5章 无理数和迭代

完全平方数的无穷数列是这样开始的:

$$1,4,9,16,25,36,49,64,\cdots$$

在这个数列中,没有任何一个数是另一个数的 2 倍,这一点可能并不是一眼就能看出来的。无论我们往后看得多远,都永远找不到一个完全平方数是另一个完全平方数的 2 倍。因为如果我们能找到这样两个数的话,那么它们的商就是 2。但是完全平方数的素因数总是成对出现的。如果我们要将 $\dfrac{a^2}{b^2}$ 约简到 $\dfrac{2}{1}$,这就意味着 b^2 的每一对因数都与 a^2 的一对因数相匹配。那么,怎么可能剩下一个单独的 2 呢?

对于任何正整数 a 和 b,$\dfrac{a^2}{b^2}$ 永远不可能等于 2。这也从另一个角度说明了,如果 a 和 b 都是正整数,那么 $\sqrt{2}=\dfrac{a}{b}$ 是一个不可能成立的等式。我们说 $\sqrt{2}$ 是一个**无理数**。

出于同样的原因,完全平方数的这个无穷数列中,没有任何一个成员是另一个成员的 3 倍,也没有任何一个成员是另一个成员的 5 倍,也没有任何一个成员是另一个成员的其他素数倍的情况。因此,没有任何一个完全平方数是另一个完全平方数的 6 倍,尽管 6 并不是素数。所以 $\sqrt{6}$ 也

是一个无理数。但是,一个完全平方数可以是另一个完全平方数的 4 倍

吗? 当然可以,因为如果 $\dfrac{a^2}{b^2} = \dfrac{4}{1}$,这意味着在约简后留下了 $4 = 2 \times 2$,这并

不妨碍 a^2 作为一个完全平方数存在。例如,$\dfrac{100}{25} = 4$。$\sqrt{4}$ 是一个**有理数**。

同样,没有一个立方数可能是任何其他立方数的素数倍,以此类推。于是,像 $\sqrt[3]{2}$、$\sqrt[3]{3}$、$\sqrt[3]{4}$ 这样的数,全都是无理数。

有理数是可以表示成分数的那些数,它们可以写成两个整数的商。我们现在来研究一些关于有理数的问题。

以下各式有一个初看起来含义不那么明显的模式：

$$1 \times 142\,857 = 142\,857$$
$$2 \times 142\,857 = 285\,714$$
$$3 \times 142\,857 = 428\,571$$
$$4 \times 142\,857 = 571\,428$$
$$5 \times 142\,857 = 714\,285$$
$$6 \times 142\,857 = 857\,142$$
$$7 \times 142\,857 = 999\,999$$

为什么同样 6 个数字的一些**循环排列**会作为 142 857 的整数倍出现呢？当然，并不是所有的数都是这样的。又为什么 9 会突然出现呢？

要对此作出解释并不很难。假设我们用短除法将 $\frac{1}{7}$ 化成小数：

$$7\overline{)1.0^30^20^60^40^50^10^30\cdots}$$
$$0.1\,4\,2\,8\,5\,7\,1\,4\cdots$$

在上述"答案"中，小数点后的第一个 1 意味着 7 在 10 中包含了一次，而余数是 3。这使得下一个除法是 30 除以 7。这一次，商是 4，余数是 2，以此类推。这些余数是关键所在：在最多完成 6 次除法之后，我们就不会有新的余数了，因为除以 7 只可能有 6 个不同的余数。一旦我们回到余数 1，整个过程就会重复。$\frac{1}{7}$ 的小数表示形式有一个长度为六位数的重复周期。

如果我们将 $\frac{2}{7}$ 化成小数，也会得到相同的周期，只不过重复周期的分界线从不同的地方开始。$\frac{3}{7}$ 到 $\frac{6}{7}$ 也是如此。但 $\frac{7}{7} = 1 = 0.999\,999\,999\,999\cdots$。

7 是一个素数，它的倒数 $\frac{1}{7}$ 的周期长度为 $7 - 1 = 6$ 位，这是可能的最大长度。但$\frac{1}{3}=0.333\,33\cdots$,其周期长度只有 1 位,而它似乎应该是 3−1 =

2 位,因为 3 是一个素数。13 是一个素数,所以$\frac{1}{13}$的周期长度似乎应该是

12 位,但实际上除法只进行了 6 步,就出现了相同的余数。那么,7 是唯一一个其倒数具有最大可能循环节长度(称为全循环节)的正整数吗?其实并不是。下一个这样的数是 17:

$$\frac{1}{17}=0.058\,823\,529\,411\,764\,705\,88\cdots$$

具有"全循环节"的素数并不罕见(在小于 100 的素数中,全循环节素数还有 7 个[①]),但如何准确预测哪些数会有这样的表现,却是数学家们长期以来一直感兴趣的问题。迄今为止,还没有人找到答案。伟大的高斯虽然研究过这个问题,但也没有彻底解决它,不过他还是得出了一些比较重要和深远的结果。

上一章的费马小定理告诉我们,因为 10 不能被 7 整除,所以

$$10^6\equiv1(\bmod\,7)$$

从 1 除以 7 的短除法中略去小数点,我们就得到 10^6 除以 7 的结果。因此,费马小定理本该可以告诉我们,那个至关重要的余数 1 必须在何时出现,从而让我们再次绕回循环的开始。$10^6-1=999\,999$ 能被 7 整除,因此我们可以放弃用 1 去除以 7,代之以更容易地用一串 9 去除以 7,直到余数为零。事实上,这是找到任何素数的重复周期的另一种方法。(简洁起见,我们说"一个数的周期",实际上指的是其倒数的小数展开的周期长度。)

费马小定理的不足之处在于,它不能确保 6 就是满足

$$10^e-1\equiv0(\bmod\,7)$$

---

① 小于 100 的素数中,具有最大周期的全循环节素数有 7、17、19、23、29、47、59、61 和 97。参见 D. H. Lehmer, "A note on primitive roots", *Scripta Mathematica*, vol. 26 (1963), p. 117,此文给出了一些关于最大周期素数频率的有趣信息,并讨论了两种奇异的情况。——原注

的**最小指数** e。对于除数 7,它碰巧是最小指数。但是,例如,

$$10^{10} - 1 \equiv 0 (\bmod\ 11)$$

而我们发现

$$\frac{1}{11} = 0.090\ 909\cdots$$

它的周期长度不可能**超过** 10 位,而这次的长度只有 2 位。费马小定理断言 9 999 999 999 必定能被 11 整除。而这里却出现了更小的数 99 也能被 11 整除的情况。

我们可以预料一件小事。如果 n 是一个素数,那么它的周期必定会以与 n 互补的数 d 结束,所谓"互补"是指,它们的乘积 nd 的最后一位是 9。为了使达到该阶段时的减法产生 1,从而使循环可以重新开始,这是必要的条件。举例来说:对于 $\frac{1}{11}$,$d = 9$;对于 $\frac{1}{7}$,$d = 7$;对于 $\frac{1}{3}$,$d = 3$;等等。

02

11 是一个素数。111 和 1111 都不是。下面产生了几个问题。

（a）是否还有其他由一串 1 组成的数是素数？

（b）如果有，有多少个？

（c）我们如何找到这些素数？

问题（b）的答案是未知的，问题（c）则是那种我们可能永远找不到答案的问题。[①]

下面回答问题（a）。接下去的两个这样的素数分别是由 19 个 1 和 23 个 1 组成的数。我们不知道任何其他这样的数，甚至不知道是否还有其他这样的数。

假设 $p_1, p_2, \cdots, p_n$ 是互不相同的素数，已知所有这些素数都具有长度为 k 位的重复周期。我们刚刚看到，这意味着 $10^k - 1$ 能被它们中的每一个整除，而 $10^k - 1$ 是一个由一串 9 组成的数。但是对于任意的 k，$10^k - 1$ 也能被 9 整除，得到的商是一个由一串 1 组成的数。因此，如果已知 p_1，$p_2, \cdots, p_n$ 是**仅有的**周期长度为 k 位的素数，那么它们的乘积

$$p_1 \cdot p_2 \cdot \cdots \cdot p_n = \frac{10^k - 1}{9}$$

就是一个恰好由 k 个 1 组成的数。因此，这两个问题是相同的：如果我们知道关于重复小数的所有信息，那么我们至少会对问题（b）和（c）有部分答案。

这种情况反过来会更富有成效。假设我们问，有多少个素数，它们的

---

① 参见 R. E. Green, "Primes and recurring decimals", *Mathematical Gazette*, vol. 47（1963），p. 25，此文是对循环小数的一些周期性性质的一个非常基本的论述。

人们知道问题（a）的答案只有半个多世纪的时间。1963 年，关于问题（b）的信息得到了极大的扩充，因为当时人们确定了长度小于 110 个单位的由一串 1 组成的数中，只有分别由 2 个、19 个和 23 个 1 组成的数是素数。"Some miscellaneous factorizations", John Brillhart, *Mathematics of Computation*, vol. 17（1963），p. 447. ——原注

倒数具有周期为 7 位的重复小数？这意味着,这个素数本身只需要整除 9 999 999,而问题似乎涉及测试直到 $\sqrt{9\,999\,999}$ 的所有素数的艰巨任务。但请注意,1 111 111 也必须能被所有这样的素数整除。如果我们碰巧知道 1 111 111 的素因数分解是 239×4649,那我们就很幸运了。这意味着 239 和 4649 的倒数的周期长度都是 7 位,它们是**仅有的这样的数**。注意到我们必须防范在 $\frac{1}{11}$ 上遇到的麻烦,它的周期长度是 2 位,这是最大可能周期长度 10 的一个因数,因此我们将目前的讨论局限于素数最大周期,并提出以下定理。

设 q 为一个周期长度。那么,若 q 本身是一个大于 3 的素数,则周期长度为 q 的所有素数的乘积是由 q 个 1 组成的数。反过来,由 q 个 1 组成的数的素因数(如果有的话)只有周期长度为 q 的那些素数。

当高斯对这个问题产生兴趣时(当时他 19 岁),他计算了直到 1000 的所有素数的倒数的小数展开式。① 然而,停留在 1000 还远远不够。表 5.1 列出了倒数周期长度小于 21 位的所有素数,可以看出,其中一个素数达到了 19 位。杜德尼(H. E. Dudeney)在谈到表中这两个周期长度为 17 位的数时说道:"发现它们是一项极其繁重的任务。"但他是在 1918 年写下这番话的,如今通过适当的计算机编程,这项任务会变得无比容易。

表 5.1　倒数周期长度小于 21 位的所有素数

周期长度	素数
1	3
2	11
3	37
4	101
5	41,271
6	7,13

---

① 高斯的素数的倒数表可以在《高斯全集》(*Werke*)第 2 卷第 412 页找到。——原注

周期长度	素数
7	239,4649
8	33,137
9	733 667
10	9091
11	21 649,513 239
12	9901
13	53,79,265 371 653
14	909 091
15	31,2 906 161
16	17,5 882 353
17	2 071 723,5 363 222 357
18	19,52 579
19	1 111 111 111 111 111 111
20	3541,27 961

这张表令人惊讶的方面显然是具有短周期的素数数量非常少。人们可能以为每个类别中会有数百个数,但其实都只有一个、两个或三个。①

---

① 对循环小数周期的长度,感兴趣的读者可以参考:*American Mathematical Monthly*, vol. 56（1949）, p. 87; vol. 62（1955）, p. 484; vol. 66（1959）, p. 797,其中有一些可读性比较强的论文。——原注

03

考虑一下这个看起来有点奇怪的**迭代根式**：

$$\sqrt{n+\sqrt{n+\sqrt{n+\sqrt{n+\cdots}}}}$$

是否存在任何 n 值，会使这个表达式收敛到一个正整数极限？乍一看，肯定的答案似乎极不可能出现。事实上，如果极限存在的话，它看起来似乎必定是一个无理数。然而，答案不仅是肯定的，而且通过适当选择 n，这个迭代根式可以趋向于任何大于 1 的正整数，并且所需的 n 可以非常容易地确定。①

可以证明这个表达式收敛于某个值。设这个极限为 x。那么，因为迭代是无限延续的，所以也可以在任何阶段开始迭代，于是有

$$x=\sqrt{n+\sqrt{n+\sqrt{n+\sqrt{n+\cdots}}}}=\sqrt{n+x}$$

将两边平方，得到

$$x^2=n+x$$

即

$$n=x(x-1)$$

如果 x 是一个大于 1 的正整数，那么 $x-1$ 也是一个正整数，于是我们就有了确定 n 的这个简单的公式。对于 $x=2,n=2$；对于 $x=3,n=6$；等等。

如果这个表达式一开始就不收敛，那么这里的论证就是谬误的。我们省略了对于这种收敛性的证明，否则就会涉及对我们的讨论没有其他用处的一些概念。不过，我们可以通过计算几个"部分根式"来说明收敛的含义：

$$\sqrt{2}=1.414\cdots$$

$$\sqrt{2+\sqrt{2}}=1.848\cdots$$

① 有关迭代根式的更多资料，请参阅问题 E-874, *American Mathematical Monthly*, vol. 57（1950），p. 186。——原注

古老数学分支的永恒魅力

漫游数论世界

62

$$\sqrt{2+\sqrt{2+\sqrt{2}}} = 1.962\cdots$$

$$\sqrt{2+\sqrt{2+\sqrt{2+\sqrt{2}}}} = 1.990\cdots$$

它们向 2 的收敛看起来相当快。

$2^{\sqrt{2}}$ 有什么意义吗？我们可以试着解释它，令

$$x = 2^{\sqrt{2}}$$

然后，回忆一下对数是如何运算的，可以得到

$$\ln x = \sqrt{2}\ln 2$$

上式的右边是可以计算的，我们可以从对数表中找到 x 的对应"值"。然而，这些都不能解释 $2^{\sqrt{2}}$ 的意义，或者它是一个什么样的数。

我们必须做的是，从幂和根的角度回忆一下诸如 $2^{\frac{3}{2}}$ 的表达式的含义：

$$2^{\frac{3}{2}} = \sqrt{2^3} = \sqrt{8}$$

这是我们熟悉的一个数。现在，$\sqrt{2}$ 并不等于 $\frac{3}{2}$，因此我们并没有回答一开始的那个问题。但在后面的章节中，我们将展示如何去找一个**趋向于** $\sqrt{2}$ 的（像 $\frac{3}{2}$ 这样的）有理分数序列。这些有理分数 $\frac{p}{q}$ 中的每一个都可以用一种有意义的、熟悉的方式用作 2 的指数。于是，表达式 $2^{\sqrt{2}}$ 就被定义为当 $\frac{p}{q}$ 趋向于 $\sqrt{2}$ 时，$2^{\frac{p}{q}}$ 的极限。

我们无法通过观察它们来判断哪些无理指数会产生有理数值。很容易证明，存在一些表达式 a^b，其中 a 和 b 都是无理数，但取 a 的 b 次方，其结果却是一个有理数。

$\sqrt{2}^{\sqrt{2}}$ 要么是有理数，要么是无理数。如果它是有理数，我们就不需要再继续下去了。如果它是无理数，那么

$$x = \left(\sqrt{2}^{\sqrt{2}}\right)^{\sqrt{2}}$$

是一个 a^b 形式的数，其中 a 和 b 都是无理数。但是

$$x = \left(\sqrt{2}\right)^{\sqrt{2}\times\sqrt{2}} = \left(\sqrt{2}\right)^2 = 2$$

它不仅是有理数，而且是正整数。

事实证明，$\sqrt{2}^{\sqrt{2}}$ 是无理数才是正确选项。经过许多数学家的长期努力，证明了 $2^{\sqrt{2}}$ 是一个**超越数**。[①] 也就是说，

$$2^{\sqrt{2}} = x^{\sqrt{2}} = \left(\left(\sqrt{2}^{\sqrt{2}} \right)^{\sqrt{2}} \right)^{\sqrt{2}} = \left(\sqrt{2}^{\sqrt{2}} \right)^2$$

是一个超越数，这意味着它不是任何代数方程的解。因此，$\sqrt{2}^{\sqrt{2}}$ 也不是任何代数方程的解，即它也是一个超越数。再者，由于 $x = 2$，我们就将一个正整数表示为一个超越数的无理数次幂了（见上文中 x 的第一个定义）。

[①]　任意数 c，若它是一个整系数方程的根，则称它是一个代数数，否则称它是一个超越数。任意有理数 $\dfrac{p}{q}$ 是方程 $qx - p = 0$ 的根，所以有理数一定是代数数，而超越数一定是无理数。另外，可证明代数数乘代数数一定是代数数。于是，从 $2^{\sqrt{2}} = \left(\sqrt{2}^{\sqrt{2}} \right) \times \left(\sqrt{2}^{\sqrt{2}} \right)$ 是一个超越数，可知 $\sqrt{2}^{\sqrt{2}}$ 也是一个超越数，因此它必定是一个无理数。参见《从代数基本定律到超越数：一段经典数学的奇幻之旅》，冯承天著，华东师范大学出版社，2019。——译注

第6章 丢番图方程

亚历山大城的丢番图（Diophantus of Alexandria，约公元3世纪）特别关注某些简单代数方程的整数解。丢番图这个名字仍然与那些只求整数解的方程联系在一起。最熟悉的例子可能是源自毕达哥拉斯定理①的毕达哥拉斯方程：

$$x^2+y^2=z^2$$

此方程的一个解是

$$3^2+4^2=5^2$$

丢番图方程通常有无穷多个解。"求出所有解"意味着要获得一个公式或程序，以某种系统的方式把它们列出来。

根据著名的毕达哥拉斯定理，上述方程的解（如3、4和5）可以是一个直角三角形的三条边长。因此，我们的问题是要求出所有满足

$$x^2+y^2=z^2$$

的正整数三元组。

首先我们注意到，

---

① 毕达哥拉斯定理（Pythagorean theorem），即我们所说的勾股定理。在西方，相传由古希腊的毕达哥拉斯首先证明。而在中国，相传于商代就由商高发现。参见《毕达哥拉斯定理：力与美的故事》，波萨门蒂著，涂泓、冯承天译，上海科技教育出版社，2024。——译注

$$6^2+8^2=10^2$$

本质上并不是一个新的解答,因为只要简单地将3、4、5中的每个数加倍,就可以得到6、8、10。因此,取任意一个直角三角形边长的线性倍数,就可以获得无穷多个其他直角三角形,但这些三角形并没有什么特别的意义:所有这些三角形都是**相似的**。为了保证得到"新的"三角形,我们可以只考虑**原始解**,这意味着 x,y,z 没有公因数。请注意,这意味着 x,y,z 中的任意两个都没有公因数。这是因为,如果它们有公因数,那么根据算术基本定理,第三个也必定包含这个因数。

接下来的一步我们需要同余理论的一点帮助。根据定义,

$$所有奇数 \equiv \pm 1 (\bmod\ 4)$$

因此,

$$所有奇数的平方 \equiv 1 (\bmod\ 4)$$

于是,x 和 y 不可能都是奇数。如果它们都是奇数,那么 z^2 就会是偶数的平方数,即

$$z^2 \equiv 2 (\bmod\ 4)$$

而这是不可能的,因为所有偶数的平方数都有4作为一个因数,也就是说,

$$z^2 \equiv 0 (\bmod\ 4)。$$

另一方面,x 和 y 也不可能都是偶数,因为那样的话,z 就也会是一个偶数,这个解就不是原始解了。

于是,我们假设 x 是奇数,而 y 是偶数($y=2u$)。这意味着,我们可以写成

$$x^2+4u^2=z^2$$

x,u,z 中的任意两个都没有公因数。由此可得

$$4u^2=z^2-x^2=(z+x)(z-x)$$

而 x 和 z 都是奇数,因此 $(z+x)$ 和 $(z-x)$ 都是偶数,不妨设

$$\begin{cases} z+x=2s, \\ z-x=2r \end{cases}$$

即

$$4u^2=2s \times 2r$$

或

$$u^2 = sr$$

现在,将上面方程组中的两个等式相加,得到

$$z = r+s$$

将它们相减得到

$$x = s-r$$

如果 r 和 s 有一个公因数,那么 z 和 x 也会有这个公因数。但是 z 和 x 是互素的,因此 r 和 s 也是互素的。由此可知,方程 $u^2 = sr$ 中的 r 和 s 必须都是完全平方数(两者都不能从另一个中提取一个"匹配"的因数),不妨设 $s = m^2, r = n^2$。于是 $u = mn$。我们最后有

$$x = m^2 - n^2$$

$$y = 2mn$$

$$z = m^2 + n^2$$

我们正在做的就是要证明,如果 x, y, z 是一组原始解,那么它们一定具有这种形式。但是,对 m 和 n 的限制是什么? 第一,$m > n$,这样 x 才会是正的。第二,m 和 n 必定没有公因数,否则它就会被 x, y, z 提取(两次)。第三,m 和 n 不能都是奇数,否则 x 和 z 就能提取因数 2。因此,如果我们让 m 和 n 在这些限制范围内取所有可能的值,我们就得到了所有的原始解。事实上,如果我们去掉第二个和第三个限制,我们仍然可以得到毕达哥拉斯三元组,只不过它们不是原始的。①

例如:

(1) $m = 3, n = 2$

$$\left. \begin{array}{l} x = 9-4 = 5 \\ y = 2 \times 3 \times 2 = 12 \\ z = 9+4 = 13 \end{array} \right\} 原始$$

---

① 艾尔弗雷德(U. Alfred)修士在《数学杂志》(*Mathematics Magazine*)第 37 卷(1964 年)第 19 页讨论了"平方和为完全平方数的相继整数",这是毕达哥拉斯三元组的一个特殊类别。——原注

（2）$m=4,n=2$

$\left.\begin{array}{l} x=16-4=12 \\ y=2\times4\times2=16 \\ z=16+4=20 \end{array}\right\}$非原始,可由 3-4-5 乘完全平方数 4 得到

（3）$m=5,n=3$

$\left.\begin{array}{l} x=25-9=16 \\ y=2\times5\times3=30 \\ z=25+9=34 \end{array}\right\}$非原始,可由 8-15-17 乘 2 得到

我们利用这些发现来证明一条几何定理:边长为毕达哥拉斯三元组的三角形,其内切圆的半径长度总是一个整数。

这条定理陈述了一个起初并不明显的事实。这个内切圆的半径与此三角形各边长之间似乎没有足够的联系,能够确保当一个三角形的各边长是毕达哥拉斯三元组时,内切圆的半径也是一个整数。但证明却很容易。

给定 $x^2+y^2=z^2$,其中 x,y,z 都是正整数,并设内切圆半径为 r,那么图 6.1 中的 $\angle C$ 就是一个直角,而该三角形的面积是 $\frac{1}{2}xy$。但这个面积也可以表示为 3 个三角形:$\triangle BOC$、$\triangle COA$ 和 $\triangle AOB$ 的面积之和,即

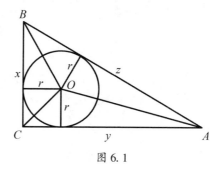

图 6.1

$$\frac{1}{2}xy = \frac{1}{2}rx + \frac{1}{2}ry + \frac{1}{2}rz$$

$$= \frac{1}{2}r(x+y+z)$$

由此解得

$$r = \frac{xy}{x+y+z}$$

而我们现在知道,x,y,z 必须具有之前发现的那种形式。将 x,y,z 替换为它们用 m 和 n 表示的表达式,简化后得到

$$r = \frac{2mn(m^2-n^2)}{m^2-n^2+2mn+m^2+n^2} = n(m-n)$$

我们不仅证明了 r 是一个整数，还发现了它是**哪个**整数——这是一个额外的收获。在之前的 3 个例子中，内切圆的半径分别为 2、4 和 6。因为第二个例子是将一个边长为 3-4-5 的三角形的所有尺寸都乘 4，所以它的 r 也要乘 4。因此，边长为 3-4-5 的三角形的内切圆半径为 1——这可能是你以前从未知道的吧？

在一个平面上可以放置多少个非共线点,使它们彼此之间的距离均为正整数?很明显,在一条直线上有无穷多个点都可以满足这个正整数的要求:只需选择所有与一个不动点之间的距离为正整数的那些点。此时,所有的差肯定也是正整数。但是,当我们要求所有的点不能都位于同一条直线上时,这个问题就变得有趣了。[①]

我们将用一组点来解答这个问题,这些点除了一个以外,所有其他的点都位于同一条直线上。这种经济的处理方法从一开始就把所有不必要的困难都排除在问题之外了。问题的条件并不要求所有点分散在整个平面上,而只是要求**并非所有**点都在同一条直线上。只要让一个点与其他所有点不在一条直线上,我们就可以构造一组任意大的点集,其中每个点与其他点的距离都是一个正整数。

我们已经发现,存在着无穷多个原始毕达哥拉斯三元组,而且我们还知道如何通过公式取各对 m 和 n,就可以写出我们想要的任意多个毕达哥拉斯三元组。假设要求我们找出满足问题条件的 7 个点。为了做到这一点,我们使用 5 个不同的原始毕达哥拉斯三元组。任何 5 个原始毕达哥拉斯三元组都可以。为了说明问题,我们按通常的顺序选择下列 5 个三元组,并将它们列成表 6.1。

表 6.1　前 5 个原始毕达哥拉斯三元组

m	n	m^2-n^2	$2mn$	m^2+n^2
2	1	3	4	5
3	2	5	12	13
4	3	7	24	25
5	4	9	40	41
6	5	11	60	61

① 这个问题是 E-1528,参见 *American Mathematical Monthly*, vol. 70(1963),p.440。——原注

现在,根据以下方案在直角坐标平面上选择各点:一个点是原点 O。另一个是在 y 轴上距离原点 10 395 个单位的那一点,即坐标为 $(0,10\ 395)$ 的点。我们将这个点称为 Y。之所以选择 10 395,是因为它等于 $3×5×7×9×11$。对于余下来的 5 个点,我们把它们选在 x 轴的正方向上,这些点与原点的距离分别为图 6.2 中的 X_i,并将这些点称为 X_i。

显然,$\triangle X_1OY$ 是一个直角三角形,其斜边为 $5×5×7×9×11$,即将一个边长为 3-4-5 的三角形的每条边都乘因数 $5×7×9×11$。$\triangle X_2OY$ 是将一个边长为 5-12-13 的三角形的每条边都乘因数 $3×7×9×11$ 的三角形,以此类推。图 6.2 中,X_i 的不在方框中的那个乘积表示每个原始三元组的放大因数。此时,每条斜边 X_iY 的长度都是一个整数。因为这种构造可以扩展到任意数量的毕达哥拉斯三元组,所以可以产生任意数量的满足问题条件的点。

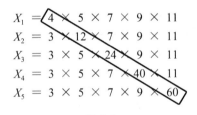

图 6.2

03

在如此轻松地解答了丢番图方程

$$x^2+y^2=z^2$$

之后，我们进而讨论一般情况：对于 $n>2$，

$$x^n+y^n=z^n$$

的正整数解是什么？如果你认为毕达哥拉斯问题太容易了，那么这是一个比较难的问题。事实上，这个问题太难了，我们建议你不要去研究它，除非你愿意将一辈子的时间都花在这个项目上。它挑战了许多代最优秀的数学家。著名的"费马大定理"（有时也被称为费马最后定理或费马猜想）表明，这个方程不存在正整数解。① 费马说他发现了一个证明，但他并没有发表。尽管现在有一些数学家认为，费马所认为的证明可能是不成立的，但几乎没有人怀疑这个猜想的正确性。

虽然我们不打算给出涵盖 n 的所有值的一般证明，但人们已经用各种方法证明，费马大定理对大量特定的 n 是成立的。对 $n=4$ 的证明是其中最简单的证明之一。② 虽然证明过程相当长，但其思想完全是初等的。我们在这里讲解它，是因为它说明了著名的"无穷递降法"（method of infinite descent）。

让我们像在毕达哥拉斯方程的情况中所做的那样，把注意力局限于原始解。因为如果没有原始解，也就没有其他的解。作为开始，我们假设相反的情况：某一组互素的 x,y,Z 可以满足 $x^4+y^4=Z^4$。如果是这样，那么当然就存在某个 z 满足 $Z^4=z^2$，所以我们可以说，我们假设下列方程存在一个解：

$$x^4+y^4=z^2 \tag{1}$$

① 1994 年，英国数学家怀尔斯（Andrew Wiles, 1953—）证明了困扰数学家 300 多年的费马大定理，这是数学上的重大突破。*American Mathematical Monthly*，vol. 70（1963），p. 440.——译注

② 对费马大定理在 $n=4$ 时的情况，有一个密切相关的结果是，一个直角三角形的面积永远不可能是完全平方数。参见狄克森著《数论史》，vol. 2, p. 615。——原注

即

$$(x^2)^2+(y^2)^2=z^2$$

这里的 x^2, y^2, z 构成一个原始毕达哥拉斯三元组,故 x^2 和 y^2 不都是奇数。如果我们取 y^2 作为偶数,那么就有

$$x^2=m^2-n^2$$

$$y^2=2mn$$

$$z=m^2+n^2$$

其中 $m>n$, m 和 n 是互素的,而且不都是奇数。那么 n 必定是偶数,这是因为如果 n 是奇数,我们就会有

$$x^2\equiv 0-1(\bmod\ 4)\equiv 3(\bmod\ 4)①$$

而我们不久前已经确定了这是不可能的。也就是说,对于某个与 m 互素的整数 k,有 $n=2k$,因此

$$y^2=2m\times 2k$$

这就是说,根据我们之前关于在 m, k 不能提取任何公因数的情况下构成一个完全平方数的论证,可以设

$$m=r^2, k=s^2, y=2rs$$

其中 r 和 s 是互素的,$r>s$,且 r 为奇数。也就是说,

$$x^2=r^4-4s^4, 即 x^2+4s^4=r^4$$

这是一个新的三元组,满足毕达哥拉斯三元组的所有条件,因此我们再次得到

$$x=p^2-q^2$$

$$2s^2=2pq$$

$$r^2=p^2+q^2$$

其中的 p, q 扮演着之前 m, n 的角色。根据现在大家已经很熟悉的论证,$pq=s^2$ 就意味着 $p=a^2$, $q=b^2$,因此最后得到

$$r^2=a^4+b^4 \qquad\qquad (2)$$

---

① 设 $n=2l+1$,那么 $m=2j$,于是从 $x^2=m^2-n^2$,有 $x^2=4j^2-(4l^2+4l+1)=4(j^2-l^2-l)-1$,但 $4(j^2-l^2-l)\equiv 0(\bmod\ 4)$,故有此式。——译注

但这正好具有原来的式(1)的形式。我们已经证明了,如果式(1)是可能的,那么式(2)也是可能的,这初看起来似乎一无所获。但看起来完全失败的一件事情却会突然变成令人振奋的成功事件。那么,式(2)和式(1)有何不同?

$$z = m^2 + n^2 = r^4 + 4s^4$$

因此,$z > r^4$,从而 $z > r$。于是,式(2)就是一个独特的新解。此外,只要看一眼 r、a 和 b 的定义,就会发现它们都不是零:这个新解不是一个退化的解。

用某个 $r_1 < r$ 重复这整个过程,会得到另一个新解,再重复一次会得到 $r_2 < r_1$,以此类推,这个过程**无穷无尽**。但是序列

$$r > r_1 > r_2 > \cdots > 0$$

不能无限继续,这是因为 r_i 都是正整数,而小于 r 的正整数不是无穷无尽的。这就是无穷递降给出的矛盾,它证明了我们最初的假设是错误的,而这给出了不存在正整数 x, y, z,满足

$$x^4 + y^4 = z^4$$

04

我们再展示另一个几何图形,这次是借助坐标。对于直角坐标平面上的所有 x 坐标和 y 坐标都是有理数的那些点,比如 $\left(\dfrac{3}{2}, -\dfrac{49}{73}\right)$,我们把它们称为"有理点"。在两个分数之间,无论它们多么接近,总是可以插入另一个分数(比如它们的平均值)。因此,有理点构成了一个非常紧密的阵列:将它们"全部"放在一个平面中,它们就会以某种方式"填满"这个平面。这就是所谓的**遍密集**(everywhere dense set)。然而,即使是遍密的,x 坐标和 y 坐标都是有理数的全体点集也没有包含平面上的所有点。因为我们知道有一些点,比如 $(\sqrt{2}, \sqrt{3})$,它们的其中一个坐标是无理数,或者两个坐标都是无理数。这些坐标为无理数的点构成了另一个遍密集,夹杂在有理点之间。

费马大定理已经得到证明,所以我们知道

$$x^3 + y^3 = z^3$$

没有正整数解。而这又表明,除了 $(1,0)$ 和 $(0,1)$ 之外,

$$x^3 + y^3 = 1$$

在 x 和 y 为有理数的范围内没有其他解。这是因为,假如有其他解,我们就可以用通分的方式去除分数,从而得到满足费马方程的正整数。

一个方程的图像是指一条曲线,其上的所有点都满足该方程。图 6.3 显示了最后这个方程的图像。除了 $(1,0)$ 和 $(0,1)$ 以外,没有任何有理点能满足该方程。因此,除了这两个点以外,这条曲线穿过有理点的遍密域,而不触碰到任何一个有理点。

伟大的德国数学家克莱因[①]是第一个注意到这一现象的人,并对此

---

① 克莱因(Felix Klein, 1849—1925),德国数学家,主要研究领域是非欧几何、群论和函数论,对应用力学的发展也有贡献。他著有《高观点下的初等数学》(Elementarmathematik vom höheren Standpunkte aus),旨在为中学教师普及高等数学,其中译本由舒湘芹、陈义章、杨钦樑、吴大任翻译,华东师范大学出版社 2020 年出版。——译注

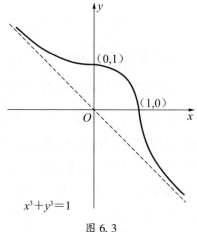

$x^3+y^3=1$

图 6.3

印象深刻。然而,事实证明,这并不像他想象的那么奇怪,因为康托尔①已经证明,在某种意义上,无理点要比有理点密集得多:它们的数量更多。事实上,它们的数量如此之多(更高阶的无穷大),以至于一条在密集点域中漫游的曲线竟然可以成功地避开任何有理点,这才是真正令人称奇的。具有克莱因特性的曲线有很多例子。我们再举一个。

　　超越数是指该数不是任何代数方程的解。π 就是我们熟知的一个超越数,而这样的数还有无穷多个。对于一个以原点为圆心、半径为 π(或任何其他超越数)的圆而言,在其上没有任何一点的 x 坐标和 y 坐标都是有理数。因为在这样一个圆上的所有点都必须满足方程

$$x^2+y^2=\pi^2$$

而如果 x 和 y 都是有理数,那么由 $\pi=\sqrt{x^2+y^2}$ 可得出 π 仅仅是无理数,而不是超越数。

━━━━━━━━

① 康托尔(Georg Cantor,1845—1918),德国数学家,集合论的创始人。——译注

05

与费马型的方程不同，

$$x^3 + y^3 + z^3 = w^3$$

有无穷多组正整数解[1]，其中最小的是

$$3^3 + 4^3 + 5^3 = 6^3$$

如果 $w = 870$，那么 w^3 可以用多达 9 种不同的方式表示为 3 个立方数之和。[2]

此外，我们还有

$$1^3 + 3^3 + 4^3 + 5^3 + 8^3 = 9^3$$

另一方面，一个看起来没有太大差别的方程：

$$1^n + 2^n + 3^n + \cdots + k^n = (k+1)^n$$

除了 $1 + 2 = 3$ 这个微不足道的解以外，它很可能没有任何其他解。已经证明，如果存在任何其他解，那么 k 必须大于 $10^{1\,000\,000}$。[3]

类似的还有炮弹问题[4]，它只有一个解。球形的炮弹往往被堆成金字塔形，这也许是出于装饰的目的。堆放的方法是：先摆放数量为一个完全平方数的炮弹作为底座，然后在它们的上方摆放每边少一个单位的完全平方数（即下一个较小的完全平方数）的炮弹作为第二层，以此类推，直到顶层只有一枚炮弹。如果军械库里的一位古怪指挥官要求炮弹的总数也是一个完全平方数，那么我们必须求解丢番图方程

---

[1]　关于该方程的完整解，请参阅《数论史》作者狄克森的一本较薄的书：《数论导论》（*Introduction to the Theory of Numbers*，U. of Chicago Press，1946），第 58 页。——原注

[2]　"Nine different ways"，Leon Bankoff，in *American Mathematical Monthly*，vol. 64（1957），p. 507，E-1249.
关于一个数的四次方等于 4 个四次方之和，请参见 *Mathematics Magazine*，vol. 37（1964），p. 322.——原注

[3]　第一个方程：Dickson，vol. 2，p. 682。第二个方程：Leo Moser in *Scripta Mathematica*，vol. 19（1953），p. 84。——原注

[4]　炮弹问题的一些参考文献请参见：狄克森著《数论史》，vol. 2，p. 25。——原注

$$1^2 + 2^2 + 3^2 + \cdots + k^2 = N^2$$

这与前一个问题的不同之处在于，$N \neq k+1$。人们早就知道，唯一的解是 $k=24$，$N=70$，总共是 4900 枚炮弹，但要证明这一点绝非易事。

06

现在我们来着手解答另一个丢番图方程：

$$y^2+2=x^3$$

只有一组正整数解能满足这个方程：

$$x=3,y=5$$

为了找到证明这一点的方法，我们首先回顾一下高中阶段学习的一些代数。我们从小到大所学的大多数初等数学课本中，都存在一些严重的问题，其中之一就是不加限制地说，对于一切 x、a 和 b，有

$$(x^a)^b=(x^b)^a$$

这并不总是成立，比如

$$[(-2)^{\frac{1}{2}}]^2=(\sqrt{-2})^2=-2$$

但是

$$[(-2)^2]^{\frac{1}{2}}=\sqrt{4}=2$$

有人说 $\sqrt{4}$ 是 ± 2，这是在回避问题的实质，只不过是用一种混淆代替另一种混淆而已。$4^{\frac{1}{2}}$ 和 $\sqrt{4}$ 这两者在书写时都不带任何符号，它们总是得出 2。如果我们指的是 $\pm\sqrt{4}$，那么我们可以说 4 的平方根。另一种形式的断言犯了同样错误：

$$\sqrt{a}\times\sqrt{b}=\sqrt{ab}$$

当 a 和 b 都是负数时，这就不成立了：

$$\sqrt{-9}\times\sqrt{-4}=3i\times2i=6i^2=-6$$

$$\sqrt{(-9)\times(-4)}=\sqrt{36}=6$$

我们现在可以给出

$$y^2+2=x^3$$

只有一组正整数解的证明的一个粗略提要了。让我们将方程的左边因式分解。但是，你会抱怨说，y^2+2 是不可分解的。的确，它没有实因数。但在适当研究刚才提到的注意事项的情况下，你会发现以下分解方式是成立的（可以自己检查一下）：

$$(y+\sqrt{-2})(y-\sqrt{-2})=y^2+2$$

我们已经转换成了形式为 $a+b\sqrt{-2}$ 的对象的领域，其中 a 和 b 是普通整数。让我们暂时假定，我们刚才所做的因式分解已经将 y^2+2 分解为这类新的数中的"素因数"。如果是这样，那么根据唯一因数分解定理，当 $(y+\sqrt{-2})$ 和 $(y-\sqrt{-2})$ 的乘积是 x^3 时，它们之中的每一个都必须是立方数。也就是说，用这些新的数来表示，有

$$y+\sqrt{-2}=(u+v\sqrt{-2})^3=u^3+3u^2v\sqrt{-2}-6uv^2-2v^3\sqrt{-2}$$

我们现在必须用到下面这一点，这可以由你对复数的了解得出，或者你就认为它是正确的：如果两个复数相等，那么其中一个复数的实部和虚部必定分别与另一个复数的实部和虚部相等。让等号两边 $\sqrt{-2}$ 的各系数相等，得到

$$1=3u^2v-2v^3=v(3u^2-2v^2)$$

因此 v 只能是 1，而 $u=\pm1$。然后，让等号两边的实部相等，就得到

$$y=\pm1\mp6=\mp5$$

我们说过，这里给出的证明只是一个概要。它有两个主要的漏洞，要填补它们远远超出了我们目前所讨论的范围。第一个漏洞是假设 $(y+\sqrt{-2})$ 和 $(y-\sqrt{-2})$ 是这类新的数中的"素因数"。要证明这一点是可能做到的，我们无法将它们进一步分解为这种形式的其他因数。你可能认为这样就完成了证明，但还有另一个重要的缺失步骤：我们如何知道这种"素因数分解"是**唯一的**？而这是我们在证明中需要的一个事实。

这个问题的答案说来话长，它是一个既有趣又非常复杂的故事。它始于 19 世纪证明费马大定理的尝试。在一度认为自己已经证明了这一定理的那些人之中，有一个人名叫库默尔（E. E. Kummer, 1810—1893）。他曾理所当然地认为，素因数分解总是唯一的，即使对具有 $a+b\sqrt{-5}$ 形式的那些新的数也一样。但这恰好是一个算术基本定理在其中不成立的域。[①] 例如：

$$6=2\times3$$

① 对非唯一因数分解的简要论述，请参见 *Elementary Introduction to Number Theory*, Galvin T. Long（D. C. Heath, Boston, 1965），p. 32。欲了解更多信息，请参阅 *The Theory of Algebraic Numbers*, Carus Monograph No. 9, by Harry Pollard（Math. Assoc. of Amer., 1950）。——原注

但是也有

$$6 = (1+\sqrt{-5}) \times (1-\sqrt{-5})$$

在这个域中,可以认为 2、3、$1+\sqrt{-5}$ 和 $1-\sqrt{-5}$ 中的每一个都是"素数"。因此,我们遇到了 6 这个数的两种**不同的**"素因数分解"这一难以处理的情况。为了解决这个非常严重的困难,库默尔创造了一种新的实体,他称之为"理想数"。尽管他未能证明费马大定理,却为代数数论这门新学科奠定了基础。

你现在可以理解了,我们为什么在第 3 章中要坚持强调普通整数中因数分解唯一性的重要性,这并不像你当时可能认为的那样空泛。在形式为 $a+b\sqrt{-2}$ 的数域中,恰巧因式分解也是唯一的。当然,在这一点被证明之前,我们的证明就不能说是完备的。

07

在上一节的那个丢番图方程中,如果我们把2换成其他常数,那么我们每次都会得到一道新题目,这道题目必须根据其自身的情况来解答。而这些题目都有互不相关的答案。其中有些题目已经得到了解答。例如,众所周知,

$$y^2 - 7 = x^3$$

没有整数解。然而,

$$y^2 - 17 = x^3$$

却有8组整数解。[①] 当我们尝试 x 的一些较小的值时,方程的解似乎从各处冒了出来。

x 取 $-2, -1, 2, 4, 8$ 都会产生整数 y。接下来的两组整数解需要更大的搜索范围,它们是 $x = 43$ 和 $x = 52$。最后一个能使 y 为整数的解是 $x = 5234$,对于这个值,

$$x^3 = 143\ 384\ 152\ 904$$

$$y = 378\ 661$$

与此类似的一个长期无法被完整分析的问题,是求解以下方程:

$$a^b - c^d = 1$$

其中 a, b, c, d 是不完全相同的整数,且 $d \neq 1$。它的一组解是

$$3^2 - 2^3 = 1$$

---

① $y^2 - 17 = x^3$ 的解可参见 L. J. Mordell in *Proceedings of the London Mathematical Society* (2), vol. 13 (1913), p. 60。英国数学家莫德尔(Louis J. Mordell, 1888—1972)的生平生动地反驳了人们常说的:所有创造性的数学都是由年轻人创造的。莫德尔教授对数论作出了许多贡献,时间跨度长达50年。1964年,本书作者之一有幸听到他在76岁时发表的一次充满活力的、鼓舞人心的演讲。——原注

还有其他的解吗？有多少组？它们是什么？没有人知道。①

---

① $a^b - c^d = 1$ 称为卡塔兰问题。关于这个问题有大量参考文献，请参见 J. W. S. Cassels, *Proceedings of the Cambridge Philosophical Society*, vol. 56（1960），p. 97。另请参见 K. Inkeri "On Catalan's problem", *Acta Arithmetica*, vol. 9（1964），p. 285，以及 Seppo Hyyro（in Finnish），*Mathematical Reviews*, vol. 28（1964），p. 13，no. 62。——原注

08

有大量未得到解答的丢番图方程,所有这些方程都极其难解。1960年,波兰数学家谢尔宾斯基(Waclaw Sierpinski)列出了 40 多个这样的方程,里面的大多数作为未解之题已经有一段时间了。其中一道看起来最简单的题目是这样的:3 个数之和的立方可能等于这些数的乘积吗? 也就是说,方程

$$(x+y+z)^3 = xyz$$

有整数解吗? 谢尔宾斯基以另外 3 种等效的形式提出了这个问题,但没有取得任何进展。[1]

以下是谢尔宾斯基让我们思考的另一些令人绞尽脑汁的问题[2]:

1. 除了 1、2 和 4 之外,还有其他 n 能使 n^n+1 成为素数吗? 他已经证明,如果存在这样的素数,那么它会大于 $10^{30\,000}$。

[1] Sierpinski:"On some unsolved problems of arithmetics", *Scripta Mathematica*, vol. 25 (1960), p.125。数论领域是否有什么东西能促进长寿,并激励着持续和卓越的数学创造力? 波兰数学家谢尔宾斯基提供了一个比莫德尔更令人叹为观止的例子。"1962 年,80 岁的他几乎以青春的活力穿越美国",在多所大学发表了一系列演讲。然后他回到家乡华沙工作[*Scripta Mathematica*, vol. 27 (1964), p.105]。就在本书付梓之时,他还以 83 岁的高龄出版了原创的数学发现——这是一个前所未闻的成就[*Mathematical Reviews*, vol. 29 (1965), p.426, no.2215]。这篇论文的审稿人评论道:"作者(谢尔宾斯基)证明了几条有趣的定理……"在这本最简洁、最严谨的摘要杂志上,这已经是高度的赞扬了。——原注

[2] 第 1 个问题:*L'Enseignement mathématique*, vol.4(1958), p.211。第 3 个问题和第 4 个问题:Problem E-1555, *American Mathematical Monthly*, vol.70 (1963), p.896,这里提供了一些信息,但并不多。

第 7 个问题:众所周知,如果 p 遍历所有素数,那么 $\sum \dfrac{1}{p}$ 会发散。1921 年,布鲁恩(Viggo Brun)证明了当 p 遍历所有孪生素数时,$\sum \dfrac{1}{p}$ 会收敛。这是否表明素数的密度与孪生素数的密度之间有足够的差异,从而表明孪生素数的数量是有限的? 这个问题还没有得到回答。布鲁恩的证明在朗道(Edmund Landau)的《初等数论》(*Elementary Number Theory*, Chelsea, New York, 1958)第 94 页给出。——原注

2. 对于 $n = 4$、5 和 7，$n! + 1$ 是一个完全平方数。还有其他具有这一性质的 n 值吗？

3. 方程

$$x^3 + y^3 + z^3 = 3$$

有多少个整数解？它们分别是什么？已知的解只有不值一提的 $x = y = z = 1$ 和由 $(4, 4, -5)$ 按任何顺序组成的解。

4. 方程

$$x^3 + y^3 + z^3 = 30$$

有多少组整数解？目前还没有已知的解。

5. 是否所有的正整数都可以表示成 $x^3 + y^3 + 2z^3$ 的形式？直到 75（包括 75）的所有正整数都可以表示成该形式。那么 76 呢？下一个不知能否表示成该形式的数是 99。

除了以上这些问题外，我们还应该加上两个非常古老的难题：

6. **哥德巴赫猜想**：每个大于 2 的偶数都可以表示为两个素数之和吗？

7. 是否存在无穷多对孪生素数？孪生素数是指一对相差 2 的素数，如 $(5, 7)$ 或 $(29, 31)$。

在解丢番图方程时，我们必须防止落入某些形式上的陷阱。恒等式

$$(a+b)^2=a^2+2ab+b^2$$

可能会让人认为，由于所有形式为 $a^2+2ab+b^2$ 的数都是完全平方数，那么任何比如说形式为 $a^2+3ab+b^2$ 的数都不可能是完全平方数，因为它不是一个代数式的平方。但数要灵活多变得多。在表达式 $a^2+3ab+b^2$ 中代入 $a=7,b=3$ 试试。

曾经有人提出过这样一条定理①："在整数算术级数中，相继 4 项的乘积加上公差的四次幂总是一个完全平方数，但永远不会是一个完全四次方数。"如果 a 是这 4 项中的第一项，b 是公差，我们就有

$$a(a+b)(a+2b)(a+3b)+b^4$$

上式展开后的结果相当于

$$(a^2+3ab+b^2)^2$$

这条定理的第一个断言是成立的，这一点现在已经显而易见了。但就在刚刚，我们却给出了一个反例，表明第二个断言是不正确的。

---

① *American Mathematical Monthly*, vol. 57（1950），p. 186，E-876. ——原注

10

因为没有人会买碎掉的鸡蛋，所以下面是一个丢番图问题：一个农民将他的鸡蛋的 $\frac{p}{q}$ 加上一个鸡蛋的 $\frac{p}{q}$ 卖给了他的第一个顾客，将剩余鸡蛋的 $\frac{p}{q}$ 加上一个鸡蛋的 $\frac{p}{q}$ 卖给了他的第二个顾客，直到以此方式将所有鸡蛋卖给了 n 个顾客。请确定联系 p、q 和 n 的充要关系。

这道题所具有的"自己动手"性质使它很有吸引力。我们让你自己去发现：p 必须等于 $q-1$，而这个农民一开始必须有 q^n-1 个鸡蛋。（如果你开始感到不知所措，那么请参阅脚注给出的参考文献。①）

---

① *Mathematics Magazine*，vol. 26（1953），p. 164. ——原注

第7章 数的奇趣

当 142 857 分别乘 2、3、4、5 和 6 时，得到的乘积总是由原来的 6 个数码循环排列而成，这确实令人感到惊奇。但我们在第 5 章中分析了这一现象，回答了"为什么"的问题，并将这个问题与其他一些相关问题联系起来进行了研究。当我们开始进行这样的研究后，所讨论的现象就远不止是一个奇趣了。

我们所说的"数的奇趣"有可能如以下例子：寻找数 a,b,c,d，使得

$$a^b \times c^d = abcd$$

提出这个问题的格拉齐亚（Joseph de Grazia）给出了一个答案：

$$2^5 \times 9^2 = 2592$$

并暗示这是唯一的解。他说："很可能没有可用的理论工具……你必须尝试所有可能的数值组合。"①

一些数的奇趣似乎纯属偶然。另有许多其他数的奇趣则是基于十进制的特殊性，当将相同的数转换为 10 以外的进制时，它们就不会出现了。还有一些数的奇趣在数论中并没有非常令人兴奋的解释，只需要用到一些浅表知识。一些表面上看起来微不足道的现象，可能包含了一个具有更深层意义的核心，总有一天会被人发现。

---

① Joseph de Grazia, *Math Is Fun*（Emerson Books，New York，1954），p. 143. ——原注

01

一个众所周知的玩笑是,下面这种伪"约分"的过程会得到正确的答案:

$$\frac{1\!\!\!/6}{6\!\!\!/4} = \frac{1}{4}$$

还有其他分子和分母都是两位数的分数可以这样"约分"吗? 很明显,在下面这种类型的所有情况下都可以这样约分,而这是不值一提的:

$$\frac{4\!\!\!/4}{4\!\!\!/4} = \frac{4}{4} = 1$$

想让这种伪约分能够成立,那么在任何情况下,都必须满足

$$\frac{10x+y}{10y+z} = \frac{x}{z}$$

这就是说

$$9xz = y(10x-z)$$

现在,如果 $(10x-z)$ 能被 9 整除,那么我们就得到

$$(10x-z) \equiv 0 \pmod 9$$
$$10x \equiv z \pmod 9$$

但是

$$10 \equiv 1 \pmod 9$$

因此对于一切 x,有

$$10x \equiv x \pmod 9$$

因为 x 和 z 都表示个位数,所以这意味着对于一切 x,都有 $z=x$,这样我们就得到了那种不值一提的情况。另一方面,如果 $(10x-z)$ 不能被 9 整除,那么 3 就必定是 y 的一个因子。我们的搜索范围缩小了,但仍需要一些尝试才能发现

$$\frac{26}{65}、\frac{19}{95} 和 \frac{49}{98}$$

是仅有的其他的解。要找到

$$\frac{143\ \cancel{1}85}{1\ 70\cancel{1}\ 856} = \frac{1435}{17\ 056} \quad ①$$

这样的伪约分就更困难了。

①　最后一个伪约分取自 *Mathematical Games and Pastimes*，A. P. Domoryad（Macmillan，New York，1964），p. 35。在从俄语翻译过来及再版的过程中，这本书出现了大量的印刷错误，有时一页多达五六处。其中第 35 页的一个错误给我们带来了一个无意间产生的问题，它错误地指出 $\frac{4\ 251\ 935\ 345}{91\ 819\ 355\ 185} = \frac{425\ 345}{9\ 185\ 185}$

如果这个式子成立的话，这将是"正确的"伪约分的一个例子。据推测，作者原本是对的。那么错误出在哪里呢？——原注

02

最初几个完满数是

$$6,28,496,8128,33\,550\,336,8\,589\,869\,056$$

很久以前人们就注意到,除了第一个是例外,如果把任何一个完满数的各位数字相加,然后把所得的和的各位数字再相加,以此类推,最后结果总是 1。例如:

$$4+9+6=19,1+9=10,1+0=1$$

这里有一个奇中之奇。首先,为什么经过几次相加后,各位数字之和总是 1?更有趣的是,为什么这条规则在第一个完满数的情况中失效了?这两个问题都很容易回答。

我们还记得(见第 2 章),所有的偶完满数都具有 $2^{p-1}(2^p-1)$ 的形式,其中 p 是一个素数。所有的素数都是奇数(但这里你应该质疑一下)。因此,$p-1$ 是一个偶数。现在

$$2\equiv-1(\bmod 3)$$

$$\therefore\quad 2^{p-1}\equiv1(\bmod 3)$$

这就说明,对于某个 k,有

$$2^{p-1}=3k+1$$

将此式乘 2,得到

$$2^p=6k+2$$

$$2^p-1=6k+1$$

因此

$$2^{p-1}(2^p-1)=(3k+1)(6k+1)=18k^2+9k+1\equiv1(\bmod 9)$$

即

$$2^{p-1}(2^p-1)-1\equiv0(\bmod 9)$$

但我们从第 2 章开头部分中知道,任何能被 9 整除的数,其各位数字之和也能被 9 整除。因此,在减去 1 之前,我们的完满数的各位数字之和是 10,由此得出最后的各位数字之和就是 1,而这就是我们想要证明的。

为什么这对于 6 失效了?因为**并非**所有素数都是奇数。由唯一例外

的偶素数 2 给出

$$2^{2-1} \times (2^2 - 1) = 6$$

而这个论证之所以失效，正是因为 2 是偶数。

03

人们已经证明,一个两位数与其"逆序数"的乘积(如 57×75)永远不会是完全平方数,除非是在这两位数字相同这一显而易见的情况下(如 55,其逆序数为 55,那么 55×55 当然是一个完全平方数)。

只不过,这一命题不能推广到两位以上的数。尽管有如下例子:

$$169×961 = 162\ 409 = 403^2$$

和

$$1089×9801 = 10\ 673\ 289 = 3267^2$$

这些例子引发了以下猜想①:当一个整数和它的逆序数不相等时,它们的乘积永远不会是完全平方数,除非两者都是完全平方数。(请注意,上述两个等式左边的所有数实际上都是完全平方数。)

---

① "Conjecture on reversals", *American Mathematical Monthly*, vol. 64 (1957), p. 434, E-1243. ——原注

04

因为 $10 = 2 \times 5$,所以有可能将 10 的一些正整数次幂分解为不包含零的因数。例如,

$$10^2 = 2^2 \times 5^2 = 4 \times 25$$

$$10^3 = 2^3 \times 5^3 = 8 \times 125$$

这种情况会持续一段时间,但不会永远持续下去。直到指数 7 为止,2 和 5 的幂中都不包含零,但 $5^8 = 390\,625$。然后,2^9 和 5^9 都不包含零,但在那之后零出现的频率就变高了。能表示为两个不包含零的因数之积的 10 的其他幂,已知的还有 10^{18} 和 10^{33}。如果还有另一个的话,那么它会大于 10^{5000}。[1]

对于 10^{33},有

$$10^{33} = 8\,589\,934\,592 \times 116\,415\,321\,826\,934\,814\,453\,125$$

这确实是一个相当令人诧异的奇趣现象。

---

[1] "Non-zero factors of 10^n", Rudolph Ondrejka, *Recreational Mathematics Magazine*, no. 6（1961）, p. 59. ——原注

05

构成 2 的相继幂的各位数字有一个有趣的周期性。如果我们写下这些幂的数列：

$$2,4,8,16,32,64,128,256,512,\cdots$$

就会观察到它们的个位数字似乎以 2-4-8-6 的顺序循环出现。可以证明,这个周期会持续地反复出现,而且其十位数字也会周期性地出现,百位数字也是如此,以此类推。

周期的长度总是

$$4\times5^{n-1}$$

其中 n 是从右边开始计数的数字的位置。因此,个位数字($n=1$)的周期长度为 4,十位数字($n=2$)的周期长度为 20,如此等等。

如果我们现在来看 5 的幂,就会发现另一个周期性：

$$5,25,125,625,3125,15\,625,78\,125,390\,625,1\,953\,125,\cdots$$

在这里,还是从右边开始计数,第 $n=1$ 位的周期长度为 1;第 $n=2$ 位的周期长度也为 1;第 $n=3$ 位的周期长度为 2;第 $n=4$ 位的周期长度为 4……一般而言,对于 $n>1$,周期长度为

$$\frac{1}{2}\times2^{n-1}$$

因此,

$$5^{n-1} \text{ 控制着 2 的幂的周期长度}$$

$$2^{n-1} \text{ 控制着 5 的幂的周期长度}$$

这种互易性与 2 和 5 是十进制的基数 10 仅有的两个真因数这一事实有关。[1]

---

[1] 参见 E-942, *American Mathematical Monthly*, vol. 58（1951）, p. 418。事实上,在任意位数的正整数次幂数列中,任意(小数)位的数字序列都是周期性的。因为写出一个 k 位数的方法只有 10^k 种,这里对零的使用不加限制。如果 d 是任意一位数字,而 n 是一个指数,使得 d^n 有 k 位数,那么右边的同一组 k 个数字将以相同的顺序在某个 $m\leqslant n+10^k$ 处重复出现,从而建立第 k 位数字从右边开始的周期性。（下转下页）

尽管 2 的相继正整数次幂具有周期性,但我们还是有可能证明,在 2 的幂序列的某处存在着任意长的零串。然而,事实上,对于大量的零来说,要找到它们是一项不切实际的任务。即使对于长度适中的一串零,也必须达到很大的幂才有可能出现。第一次有连续 8 个零是在 $2^{14\,007}$ 中,从右向左数,这些零从第 729 位开始出现。对于 $n<60\,000$,任何 2^n 中都不

（上接上页）

　　在 *Challenging Mathematical Problems with Elementary Solutions*, Yaglom and Yaglom (Holden-Day, San Francisco, 1964) 中提出的第 90 题如下:"2^n 的第一位数字是 1 的概率是多大?"这里的 2^n 是指 2 的任意随机选定的正整数次幂。我们将其中给出的解答改述如下。

　　在 2 的正整数次幂数列中,有 3 个长度为 1 位的数,即 2、4 和 8,而长度为 2 位、3 位……的数各有多个。对于任何整数 $x>1$,总是有一些数,它们的长度为 x。此外,对于每个 x,它们中的第一个也仅有第一个的首位数字为 1。这两个事实我们留给读者去证明。证明并不困难,只需要证明 2 的相继幂是通过简单的加倍关联起来的这一事实。

　　现在假设 2^n 是一个 x 位数,$q(n)$ 代表在直到 2^n(包括 2^n 在内)的(2 的幂的)数列中的、首位数字为 1 的 2 的幂的个数。我们刚才所说的意思就是 $q(n)=x-1$(注意不是 x,因为在前 10 个中,一位数 2、4、8 都不符合条件)。

　　因为 2^n 有 x 位数字,所以 $x-1$ 是 $\lg 2^n$ 的整数部分,即

$$\lg 2^n = x-1+\alpha$$

其中 α 是一个介于 0 和 1 之间的量。因此

$$x-1 = \lg 2^n - \alpha$$

但 $x-1$ 等于 $q(n)$,我们的问题是,当 n 增大时,概率 $\dfrac{q(n)}{n}$ 会发生什么变化。具体来说,就是

$$\lim_{n\to+\infty}\frac{q(n)}{n} = \lim_{n\to+\infty}\frac{\lg 2^n-\alpha}{n} = \lim_{n\to+\infty}\frac{n\lg 2-\alpha}{n}$$

$$= \lim_{n\to+\infty}\left[\lg 2-\frac{\alpha}{n}\right] = \lg 2 = 0.301\,03\cdots$$

在组合问题中很少出现除 e 以外的任何其他底数的对数。底数 10 之所以出现在这里,是因为这个问题取决于十进制记数法。——原注

会出现连续 9 个零。①

① "Arbitrarily long strings of zeros," *American Mathematical Monthly*, vol. 70 (1963),
p. 1101, E-1565. "The first power of 2 with 8 consecutive zeros", E. and U. Karst,
Mathematics of Computation, vol. 18 (1964), p. 646. ——原注

虽然 $\dfrac{p^2}{q^2}=2$ 肯定没有整数解，但

$$\frac{a^2+b^2}{c^2+d^2}=2$$

却很容易求出整数解。例如，

$$\frac{2^2+4^2}{1^2+3^2}=2$$

如果要求分子和分母都是相继的平方和，我们就会有更壮观的奇趣现象：

$$\frac{3^2+4^2+5^2+6^2+7^2+8^2+9^2}{1^2+2^2+3^2+4^2+5^2+6^2+7^2}=2 \text{ ①}$$

---

① 这个"更壮观的奇趣现象"摘自 *Scripta Mathematica*，vol. 21（1955），p. 201，在其中还可以找到同一类的其他例子。——原注

07

考虑下列算式中显示的模式。

$$n(n+1)$$
$$\downarrow$$
$$1+2=3$$
$$4+5+6=7+8$$
$$9+10+11+12=13+14+15$$
$$16+17+18+19+20=21+22+23+24$$
$$\cdots\cdots$$

$$[2n(n+1)]^2$$
$$\downarrow$$
$$3^2+4^2=5^2$$
$$10^2+11^2+12^2=13^2+14^2$$
$$21^2+22^2+23^2+24^2=25^2+26^2+27^2$$
$$36^2+37^2+38^2+39^2+40^2=41^2+42^2+43^2+44^2$$
$$\cdots\cdots$$

这两个阵列都可以无限继续下去。它们的形成规律惊人地相似。紧挨着等号左边的那一列数是这两个阵列的关键。在第一个阵列中，2，6，12，20，…这些数都具有 $n(n+1)$ 的形式，其中 $n=1,2,3,4,\cdots$。在每个等式中，等号左边有 $(n+1)$ 个相继正整数，等号右边有 n 个相继正整数。在第二个阵列中，4，12，24，40，…这些数都是 $n(n+1)$ 的两倍，而这一次是根据相同的规则排列出与 $[2n(n+1)]^2$ 相邻的那些相继**完全平方数**。①

看到这两个阵列有如此多的共同点，我们应该期望能够进一步扩展

---

① 维格德尔（J. S. Vigder）根据另一个公式发现
$$4^2+5^2+6^2+\cdots+37^2+38^2=39^2+40^2+\cdots+47^2+48^2$$
Mathematics Magazine, vol. 38（1965），p. 42。——原注

该模式,但事实并非如此。下一个阵列应该以 $[3n(n+1)]^3$ 的值为中心,但我们知道这是不可能做到的。因为如果这个体系可以扩展到立方数,那么此时我们的第一个等式(对应于 $n=1$)就会是

$$5^3+6^3=7^3$$

而费马大定理告诉我们这是不可能的。

有趣的是,这已经给出了一个相当接近的近似值了。

$$5^3+6^3=341$$

而

$$7^3=343$$

如果有人试图故意戏弄我们,那么他已经做得再好不过了。

到底是什么原因让这个方程在 $n=1$ 和 $n=2$ 时有无穷多个整数解,而在 n 更大时没有整数解?这个问题困扰了数学家几个世纪。[①]

---

① 对于那些想寻求更多数的奇趣的读者来说,狄克森那本书的第一卷的最后一章中还有很多;早期的《数学手稿》(*Scripta Mathematica*)的各卷中充满了这些数的奇趣;《数学杂志》(*Mathematics Magazine*)有时也会刊登一些,例如 Norman An-ning, "Surprises", vol. 36 (1963), p. 80。——原注

第8章　素数是剩余的碎片

"素数是无穷无尽的"，但是它们出现的频率却在降低。解析数论的主要成就之一是发现和证明了素数定理，该定理描述了素数的**渐近密度**。该定理指出，随着 x 取逐渐增大的正整数，在正整数数列中小于 x 的素数个数会趋向于近似等于 $\dfrac{x}{\ln x}$。这意味着对于较大的 x，在 x 附近的素数的近似密度或渐近密度是 $\dfrac{1}{\ln x}$。换句话说，一个大小与 x 相近的数为素数的概率是 $\dfrac{1}{\ln x}$。

这里用到的对数是自然对数，即以 e 为底的对数。如果你忘记了，或者从来都不知道这种对数，那也没有关系。反正我们无法在这里证明素数定理，因为它远远超出了这本书的知识范围。你必须接受我们所说的：该定理告诉我们的是关于在任何给定范围内素数的密集程度。素数定理指出：平均而言，相继素数之间的间隙随着 x 的增大而增大，并且该定理近似地量化了这种增大。①

在整数数列中，总是有可能出现所需大小的没有素数间隔的片段。

---

① 素数定理于 1895 年由阿达玛（Jacques Hadamard）和瓦莱-普桑（C. de la Vallee-Poussin）分别独立证明。——原注

例如,如果你想看到一个由 99 个全都是合数的相继数组成的数列,那么下面就是这样一个数列:

$$100!+2, 100!+3, 100!+4, \cdots, 100!+100$$

理由是,其中第一个数肯定能被 2 整除,因为 100! 能被 2 整除;第二个数肯定能被 3 整除;以此类推。

事实上,这是一种非常奢侈(尽管很容易)的方式来获得一个长度为 99 个单位的没有素数间隔的片段。在这种情况下,我们所说的"奢侈"是指,为了达到这个目的,我们在正整数数列中前进了超过必要的距离。100! 附近的这些数是巨大的,其中每个数都包含了 158 位数字。而素数定理告诉我们,在该区域内,素数之间的间隙长度平均约为 360,因此在到达 100! 之前,肯定会有很多长度为 99 个单位或更多个单位的片段。

前 600 万个素数已经被计算出来,并存储在一条磁带上。① 人们对这条磁带进行了分析(也是通过机器),并获得了一些有趣的统计数据。所有相继素数之差以及这些差的频率已被制成了表格。第一次出现 99 个相继合数是在 396 733 和 396 833 这两个素数之间:这两个数只有 6 位数,而不是 158 位数。不过,在 x 达到大约 44 位数之前的范围内,**平均的**相继素数之差不会达到 99。这最后一点信息我们必须从素数定理中提取出来,因为没有任何表格能够达到或者接近这一长度。第 600 万个素数只有 9 位数。②

---

① "Statistics on the first six million prime numbers", F. Gruenberger and G. Armerding (The RAND Corp., Santa Monica, Calif., 1961). ——原注

② 另请参见"On maximal gaps between successive primes," Daniel Shanks, *Mathematics of Computation*, vol. 18 (1964), p. 646. ——原注

01

由于素数在大的整数数列上分布得如此稀疏，人们自然会问：是否能够构成一个算术级数（即一个均匀递增的数列），其中**没有任何一项**是素数？答案当然是肯定的。例如，算术级数

$$10,15,20,25,30,\cdots$$

其所有项都是 5 的倍数。事实上，如果我们把首项称为 a，而将公差称为 d，那么任何一个 a 和 d 不互素的算术级数都会具有这一性质。因为如果 a 和 d 有一个公因数，那么这个数列的每一项也都有这个公因数。

反过来的问题就不那么容易解答了：是否有可能构造一个算术级数，其各项都不是素数，而 a 和 d 是互素的？答案是否定的。狄利克雷①的一项杰出成就是，他证明了以他名字命名的一条更强的定理：**所有**这样的算术级数都包含**无穷**多个素数项。

---

① 狄利克雷（P. G. L. Dirichlet, 1805—1859），德国数学家，解析数论的创始人，对函数论、位势论和三角级数论都有重要贡献。他一生热爱教学，培养了一大批优秀的数学家，对提升德国数学教育水平作出了重要贡献。——译注

02

解析数论的目的之一是将素数定理完善成这样一种形式:可以对小于一个给定值 x 的素数的确切数量给出近似的估计。有一个著名的、有用的估计是用 $Li(x)$ 来表示的,其中要用到一个积分①,它在我们可以得到素数的实际数量的区域中给出了一个非常接近的近似值。表 8.1 中汇总了扼要的数据,其中 N 是小于 x 的素数的确切数量。可以看出,相对误差随着 x 的增大而迅速减小。然而,我们注意到,表中所有的 $Li(x)$ 值都超过了正确的 N;事实上,差值 d 不仅总是正的,而且还在不断增大。

表 8.1　小于 x 的素数数量及相关估计

x	N	$Li(x)$	$d=Li(x)-N$	$\dfrac{d}{N}$＝相对误差
1000	168	178	10	0.060
10 000	1229	1246	17	0.014
100 000	9592	9630	38	0.004
1 000 000	78 498	78 628	130	0.0017
10 000 000	664 579	664 918	339	0.0005

我们不禁要问,这个公式是否总会产生一个过大的值？也就是说,$Li(x)$ 是否从上面渐近地逼近 N？从表中看来是这样,但这只是我们的样本太小的结果。英国数学家李特尔伍德②已经证明,如果我们无限继续下去,d 的符号不是只改变一次,而是会无穷多次发生改变。x 必须到多大,d 才会第一次变为负数？答案不得而知。不过,史丘斯(S. Skewes)已经推导出了一个上限。史丘斯证明,对于某个 x(他确保 x 小于 S),d 的符号会发生改变。而这个 S(称为史丘斯数)为

---

① $Li(x)\displaystyle\int_0^x \dfrac{\mathrm{d}u}{\ln u}$(这里的对数当然是自然对数)。——原注

② 李特尔伍德(John Edensor Littlewood,1885—1977),英国数学家,主要研究领域为数学分析。——译注

$$S = e^{e^{e^{e^{79}}}} ①$$

下一章将提到，S 具有大到难以理解的量级。它如此之大，以至于我们永远无法数到这么多素数；这样一个结果的适用性永远只能是纯理论性的。

---

① 史丘斯的论文发表在 *London Mathematical Society Journal*，vol. 8（1933），p. 277。对这个问题的进一步说明请参见 *A Mathematician's Miscellany*，John E. Littlewood（Methuen & Co., London，1960），p. 113。——原注

03

我们在第 3 章中已经提到过,没有已知的公式可以得出素数。从本质上讲,找到素数的唯一方法是使用埃拉托色尼①设计的"筛法"。首先我们写下所有的数 1,2,3,…,愿意写多少就写多少。然后,我们划掉所有我们知道不是素数的数,剩下的数就构成了素数表。

首先,除了 2 本身以外,所有其他偶数都会被划掉。随后,划掉所有能被 3 整除的、还没有被划掉的数(除了 3 本身)。那些能被 2 整除的数已经被划掉,不需要再次检验是否能被 3 整除。接下去,我们不需要考虑能被 4 整除的数,因为 4 及其所有倍数都已经作为 2 的倍数被划掉了。我们总是转到下一个没有被划掉的数,把它留在表中,并划掉它的所有倍数。因此,5 的倍数都会被划掉(除了 5 本身),剩下的素数将全部包含在 1、3、7 或 9 的剩余类(模 10)的那些数中。这些数可以排列为下面 4 列。

1	3	7	9
11	13	17	19
21	23	27	29
31	33	37	39
41	43	47	49
51	53	57	59
61	63	67	69
71	73	77	79
81	83	87	89
91	93	97	99

为了节省空间和时间,这里只列出了 100 以内的数。理论上,这一过程可以无限继续下去。能被 3 整除的数用一条斜线划掉。剩下的那些数中,能被 7 整除的数用两条斜线划掉。在这个缩小的范围内,我们的搜索就结束了。剩下的数,再加上 2 和 5,就是小于 100 的所有 26 个素数。我

① 埃拉托色尼(Eratosthenes,前 276—前 194),希腊数学家、地理学家、历史学家、诗人和天文学家,他的主要贡献是设计出经纬度系统,并计算出地球的直径。
——译注

们不需要用 11、13 等进行测试，因为 $11>\sqrt{100}$，所以如果其中某个数能被 11 整除，那么所得的商就会小于 11，即已经作为除数经过了测试。

下面给出筛法的一个有趣的变化形式，它能立即回答一个数是不是素数的问题。

4	7	10	13	16	…
7	12	17	22	27	…
10	17	24	31	38	…
13	22	31	40	49	…
16	27	38	49	60	…

……

第一行（和第一列）由 $a=4$、$d=3$ 的算术数列组成。其余各行（和列）的 a 现在已经固定了。对于 d，第二行（列）使用 5，第三行（列）使用 7，以此类推。我们现在有了以下整洁的判断标准：如果 x 是任何一个大于 2 的整数，那么当且仅当 $\dfrac{x-1}{2}$ 不出现在该表中时，x 就是素数。

有多种方法可以用来证明这一断言。其中之一是，设

$$n=\frac{x-1}{2}$$

则

$$x=2n+1$$

该定理指出，当且仅当 n 出现在上面这些数中时，x 是合数。因此，我们真正感兴趣的不是该表中的一个数，而是这个数的 2 倍加 1。让我们再进行一次变化，将上面的每一项替换为其值的 2 倍加 1：

9	15	21	27	33	…
15	25	35	45	55	…
21	35	49	63	77	…
27	45	63	81	99	…
33	55	77	99	121	…

……

这很能说明问题。所有偶数都被删去了。第一行（列）包含了 3 的所有奇数倍，但不包含 3 本身；第二行（列）包含了 5 的所有奇数倍，但不包含

5本身;以此类推。因此,该表列出了**所有**奇合数,而且**只**列出了奇合数(可以肯定的是,有些数不止出现一次,例如,第一个出现 3 次的数是 105 = 3×5×7)。

该表有效地删去了偶合数。因此,所有偶素数都会通过这个筛子。但我们知道,除了 2 本身之外,不存在其他偶素数,而 2 确实会通过这个筛子,这就要求定理中有 x 大于 2 这一规定。[①]

素数必须作为一个过程的剩余部分而被发现,甚至被**定义**,这一事实就是本章标题的由来。合数可以用一种完全系统的可写方式来规定,例如上面列出的这些合数。素数是剩下的那些,几乎可以说是肉被切掉后裸露出来的骨头。但这个比喻并不完全是不好的:因为如果没有骨架,结构就会无法支撑。然而,正是素数的这种被视为盛宴后的残余的特质,让许多数论学家怀疑是否能找到一个有效的公式来构造出素数。

---

① 在 *Scripta Mathematica*, vol. 8 (1941), p. 164 中提到了这一形式的筛法,并将其归功于一位年轻的印度数学家孙达拉姆(S. P. Sundaram)。——原注

04

洛斯阿拉莫斯科学实验室的数学部主任乌拉姆（Stanislav M. Ulam），带领一组研究人员发明了他们所说的**幸运数**。这些数也是通过筛选过程确定的。[①] 与埃拉托色尼筛法一样，我们首先按顺序写下"所有"正整数，为了说明这个过程，我们还是只写前 100 个数。如果我们留下 1，然后每次划掉第 2 个数，我们就划掉了所有的偶数，剩下下面 5 列。

1	3	5̸	7	9̸
11̸	13	15	17̸	19̸
21	23̸	25	27̸	29̸
31	33	35̸	37	39̸
41̸	43	45̸	47̸	49
51	53̸	55̸	57̸	59
61̸	63	65̸	67	69
71̸	73	75	77̸	79
81̸	83̸	85̸	87	89̸
91̸	93	95	97̸	99

在埃拉托色尼筛法中，我们的下一步是要划掉 3 的每一个**倍数**，因为 3 是下一个没有被划掉的数。我们这里的规则有所不同：在剩下的数中，每次划掉第 3 个数。这意味着划掉了 5、11、17、23 等。所有这些数都用一条斜线划掉。下一个没有被划掉的数是 7，所以我们把它留下，在剩下的数中每次划掉第 7 个数（用两条斜线划掉这些数）。被这一斧头砍掉的是 19、39 等。然后是每次划掉第 9 个数，每次划掉第 13 个数，以此类推。数字上斜线的条数表明了这个数是在进行到哪个阶段被去除的。

这样幸存下来的那些数被称为幸运数。在我们的这个由小于 100 的数构成的短表中，有 23 个幸运数，其中 10 个恰好是素数，另外 13 个是合数。在选择这些数的过程中，整除性没有起到任何作用，但"事实证明，素

---

① *A Collection of Mathematical Problems*, Stanislav M. Ulam（Interscience Publishers, New York, 1960), p. 120. ——原注

数数列的许多渐近性质,幸运数也有。例如,它们的渐近密度是 $\dfrac{1}{\ln N}$。在直到 $n = 100\,000$ 的整数范围内(这是我们在计算机上研究的范围),孪生素数对和孪生幸运数对表现出显著的相似性。在这个范围内,相差 4、6、8 等的相邻素数的数量与相应的相邻幸运数的数量非常相似。此外,在所研究的范围内,每个偶数都是两个幸运数之和(参见第 6 章的哥德巴赫猜想)。"

　　这些发现以一种新的视角把素数呈现出来。许多迄今为止被认为是素数独有的性质,幸运数也同样拥有,这是一个明显的惊喜。如果这些性质只是由于素数是由筛选过程产生的,而与它们的素数特性无关,那么素数就被剥夺了某些独特性。当然,素数必定始终在数论的一个庞大而重要的体系发展中发挥核心作用。没有它们,我们将寸步难行。不过,似乎只是它们选择方法的随机性,才赋予了它们一些与其分布相关的性质。乌拉姆提出,也许其他一些筛选程序的结果值得研究一下。这些结果也许是剩余的碎片,但它们确实是有趣的碎片,这种过程将构建出两堆(也可能是更多堆)数,它们既不同,又奇特地相似。

第9章　计算神童和惊人的计算

　　公众时常会注意到一些具有非凡心算能力的小孩。正如纽曼①所言:"心算求和并不是什么了不起的壮举,即使结果是正确的。但在头脑中高速执行冗长而复杂的数值计算——求根、求幂、十位数或二十位数的乘除——却是一种罕见而奇特的天赋。"

　　由于一些未被彻底理解的原因,许多计算神童在长大后就失去了他们的特殊能力。有时,通过继续培养这些技能,他们能够在以后的生活中保留甚至磨砺这些技能。但更常见的是,随着日常生活中的杂物在心理储藏空间中不断积累,似乎再也没有那么大的空间来容纳年少时的那些

---

①　纽曼(James R. Newman,1907—1966)的引言摘自他的四卷本文集《数学的世界》(*The World of Mathematics*,Simon & Schuster,New York,1956,vol. 1,p. 465)。——原注

　　纽曼,美国数学家,数学史家,律师,曾担任《科学美国人》(*Scientific American*)杂志编委会成员。他的四卷本《数学的世界》是数学领域的重要文献,此书中译本由李培廉翻译,高等教育出版社 2015 年出版。——译注

特质了,于是这些特质就逐渐被排挤了出去。①

科尔伯恩(Zerah Colburn)出生于佛蒙特州北部的一个小镇,是 19 世纪初的一个数学神童。9 岁时,他被父亲带到英国,以下描述了他在那里面对观众进行的表演。

他计算了 8 的 16 次方并取得了成功,结果是 281 474 976 710 656。然后,人们又要求他尝试计算其他一位数的幂,他计算出了所有这些数的高达 10 次幂,而且非常轻易,以至于负责记录结果的人不得不嘱咐他不要说得太快。至于两位数的幂,他会计算出其中一些数的 6 次幂、7 次幂和 8 次幂,但并不总是同样轻易。因为乘积越大,他继续计算下去就越困难。有人问他 106 929 的平方根,这个数还没来得及写下来,他就立即回答了 327。然后,又有人要求他说出 268 336 125 的立方根,他同样快捷轻易地回答了 645。

---

① 关于这些计算神童的完全可靠的信息,即使曾经存在过的话,现在也不会再有了。这些长引文摘自斯克里普丘(E. W. Scripture)的"Arithmetic prodigies", *American Journal of Psychology*, vol. 4 (1891), p. 1。这是关于这个相当古老的主题的基本参考文献。不过,早在 1907 年,米切尔(Frank D. Mitchell)就在同一期刊上发表了一篇 82 页的冗长而杂乱的随笔(vol. 18, p. 61),对其准确性提出了质疑。

准确性并不是一种会随着时间的推移而得到改进的品质,我们永远无法确定是谁导致了错误的出现。斯克里普丘的这篇文章中引用了一封据称是 17 世纪著名英国数学家沃利斯(John Wallis)写的信,内容如下:

"1669 年 12 月 22 日。——在一个漆黑的夜晚,我躺在床上,没有笔、墨水、纸或任何诸如此类的东西,我凭记忆计算出了

$$30\ 000\ 000\ 000\ 000\ 000\ 000\ 000\ 000\ 000\ 000\ 000\ 000\ 000$$

的平方根,我得出的结果的整数部分是

$$177\ 205\ 080\ 756\ 807\ 729\ 353$$

并在第二天将它写了下来。"

每个学生都知道

$$\sqrt{3} = 1.732\cdots$$

沃利斯绝不会故意写成 1.772…,尤其是当他想炫耀一下的时候。沃利斯的结果中的第 14 位数字也是错误的。然而,斯克里普丘复制了 1879 年的一份资料(Spectator, vol. 52, p. 11)中出现的数字,而从那里又可以追溯到 *Classical Journal*, vol. 7 (1815), p. 179。所有资料都包含着相同的这些错误,但当线索中断时,距离沃利斯的年代还有 145 年的时间。——原注

有人曾断言 4 294 967 297（ $=2^{32}+1$ ）是一个素数。欧拉发现这是错误的，因为它等于 641×6 700 417。有人向这个孩子提出了这个数，他仅凭心算就找出了这两个因数。

出生于 1824 年的德国人达斯（Zacharias Dase，又名 Dahse）也许是所有闪电心算者中最杰出的一位。

达斯雄心勃勃地想利用自己的运算能力为科学服务。1847 年，他已计算出了从 1 到 1 005 000 的所有数的自然对数（7 位小数），并努力寻找出版商。他在进行笔算时，具有心算的所有准确性，而且做长题的速度惊人。同年，他完成了普鲁士三角测量的补偿计算。1850 年，他在维也纳发表了就值域而言最大的双曲线表……

1850 年，达斯前往英国，通过展示自己的才华来赚钱。关于他的伟大才能，人们的说法与他在德国时大致相同。他的愚钝也引起了人们的注意。人们完全无法让他理解欧几里得的命题。除了他自己的语言之外，他无法掌握任何其他语言的任何一个单词。

1849 年，达斯希望对从 700 万到 1000 万之间那些数，列出哪些数是素数，以及合数的因数的表格。只要高斯认为这项工作有用，汉堡科学院就愿意给予支持。高斯首肯了，于是达斯全身心地投入到这项工作之中。直到 1861 年他去世，他已经完成了 700 万到 800 万之间的计算，800 万到 900 万之间的计算也只留下一小部分未完成。就这样，他得以将自己仅有的智力用于科学事业，这与科尔伯恩和蒙德克斯①形成了鲜明对比，尽管他们拥有更大的优势，却没有取得任何成果。

达斯能心算大数的乘法和除法，但当这些数非常大时，他就需要花费相当长的时间。舒马赫②曾经让他计算 79 532 853 和 93 758 479 的乘积。

---

① 蒙德克斯（Henri Mondeux，1826—1861）是著名的法国数学天才，以其心算能力而闻名，能够解决复杂的数学问题而无须借助纸笔。他出名前曾是一个牧羊人，以计算作为枯燥生活的消遣。——译注

② 舒马赫（Heinrich Christian Schumacher，1780—1850），德裔丹麦籍天文学家。他于 1821 年创立了学术期刊《天文学通报》（*Astronomische Nachrichten*）并任主编，这是最早的天文学学术期刊之一，至今仍在出版。——译注

从给出这两个数的那一刻,到他写下心算所得答案的那一刻,他用了54秒的时间。他在6分钟内心算出了两个20位数的乘法;在40分钟内心算出了两个40位数的乘法;在 $8\frac{3}{4}$ 小时内心算出了两个100位数的乘法。其中最后一次计算,他的演示过程一定让观众们感到有些厌倦。他在52分钟内心算出了一个100位数的平方根。

历史上这些著名的数学神童究竟是如何完成他们的计算壮举的,我们不得而知。当有人向他们询问此事时,他们很少能够提供清晰的解释。他们所做的,显然是设计出一些多少有点复杂的捷径,然后在没有任何书写帮助的情况下就能记住和使用这些捷径。至于这种能力是与生俱来的还是后天培养的,我们无从知晓。人们倾向于认为,就像所有的数学能力一样,这两者各有一些。当然,强大的记忆力是最大的帮助,确实有些人比其他人更能记住数字。

本书的两位作者所知道的最有前途的那位年轻数学家①也具有若干这种能力。有一天,他在黑板上写下了

$$e^{\sqrt{163}\pi} = 262\ 537\ 412\ 640\ 768\ 743.\ 999\ 999\ 999\ 999\ 250\cdots$$

这个非同寻常的等式十之八九只是超越数的一个例子,以精确到小数点后12位的精度近似为一个正整数。这位神童在前一天的大量阅读中发现了这个等式,但并没有将它抄下来。当被问及在小数点左边的那些数字是否只是随随便便写出来的时,他带着委屈的眼神回答道:"你知道我不会这样做事的。这些数都是**正确的**。"

几乎所有关于数或趣味数学的那些老书中都有对计算神童的描述。对于19世纪和20世纪初的读者来说,数学奇才是令人感到惊奇和钦佩的一个主题。如今,人们似乎对人类计算者不那么感兴趣了,也许是因为

---

① 这里是指印度数学家拉马努金(Srinivasa Ramanujan, 1887—1920),他没有接受过任何正规的高等教育,但展现出的才华却得到了当时英国顶尖数学家们的认可。他凭直觉得出的那些没有给出证明的公式,引发了后来的大量研究。下面给出的 $e^{\sqrt{163}\pi}$ 被称为拉马努金常数。参见《他们创造了数学——50位著名数学家的故事》,波萨门蒂著,涂泓、冯承天译,人民邮电出版社,2022。——译注

这些计算者的壮举已经被计算机远远超越了。当像科尔伯恩或达斯这样的计算者将两个大数相乘所花费的时间只有通常笔算所需时间的二十分之一时，人们之所以印象深刻，部分原因是当时**没有其他方法**可以得到答案。但现在，当一台计算器能在两万分之一的时间内计算出同样的"题目"，而且几乎不可能出错时，人类的优异表现虽然一如既往地值得注意，却不能给人留下同样深刻的印象了。巧的是，在 20 世纪还没有出现过著名的计算神童。当下一个计算神童出现时，可以肯定的是，他的出现不会再引起什么轰动了。

01

1853年，威廉·尚克斯（William Shanks）①发表了圆周率π精确到小数点后607位的数值纪录。20年后，他又将这项工作扩展到了小数点后707位，这个数值纪录持续了四分之三个世纪。

威廉·尚克斯的工作是通过笔算完成的（当时甚至还没有台式计算器），仅仅是对方法和公式的总结就长达87页。这被认为是一项伟大的成就，在某种程度上也确实如此。在那个时代，数学对大多数人来说仍然意味着复杂的计算，而这是一个值得钦佩的具体结果。以前在一些数学教室里有时能看到装裱好的这个707位小数的π值，这是坚持不懈的毅力和精确性的一座纪念碑。

1949年，事情发生了一个出乎意料的转折。一台（当时的）现代电子计算机在3天内就计算出了2000位小数的π值。当与这一新的计算结果进行比对时，人们发现威廉·尚克斯的计算结果在小数点后第500位之后出现了错误——20年的工作付之东流。甚至在1949年之前，威廉·尚克斯的最后200位数字就已经受到了怀疑，其原因很有趣。圆周率是一个超越数，其十进制数值不应显示出任何一位数字的优势；10个数字中的每一个都应以完全随机的方式出现，而且出现的频率大致相等。威廉·尚克斯的十进制数值在第500位之后并没有表现出预期的随机性。当然，从来没有人尝试通过手算去检验这项艰巨的任务。

π小数点后2000位的纪录并没有保持多久。随着计算机的规模和容量迅速增加，π在1949年后被多次重新编程计算。到1962年，这个数值已经被推到了小数点后10万位。

表9.1显示了1949—1961年电子计算机在计算π方面取得的进展。

---

① 关于威廉·尚克斯，请参见 *A Budget of Paradoxes*, Augustus de Morgan（Open Court, Chicago, 1915），vol. 2, p. 63。——原注

表9.1　电子计算机计算 π 的进展①

作者	机器	年份	小数位数	计算时间/小时
瑞特威斯纳（Reitwiesner）	ENIAC	1949	2000	70
尼克尔森（Nicholson）和 吉奈尔（Jeenel）	NORC	1954	3000	0.2
费尔顿（Felton）	Pegasus	1958	10 000	33
热尼（Genuys）	IBM 704	1958	10 000	1.7
热尼	IBM 704	1959	16 000	4.3
杰勒德（Gerard）	IBM 7090	1961	20 000	0.7
丹尼尔·尚克斯（Daniel Shanks） 和伦奇（Wrench）	IBM 7090	1961	100 000	9

　　这一计算结果已经发表,我们完全有理由问:这有什么用呢? 既然它不再是人类的成就,而仅仅是一种机械的成就,那又何苦去费神呢? 有人已经给出了一个回答。如果 π 值的数字分布真的存在任何非随机性,那么了解这一点就会是非常有意义的,因为这会意味着 π 还有一些不寻常的、尚未被理解的事情。事实上,π 值的数字分布还没有显示出明显的模式,而且测试大量的数位是有帮助的。由此推论,确定 π 的 10 万位数值还有另一个用途。无论是纯数学领域还是应用数学领域的数学家,都经常需要一个**随机数表**。如何才能选出真正随机的数呢? π 的值就是一张包含 100 000 个条目的、现成的随机数表。

---

① 该表由丹尼尔·尚克斯和伦奇在"Calculation of π to 100 000 decimals", *Mathematics of Computation*, vol. 16（1962）中给出的数据制成,从其中可以找到更多细节和参考文献。在这篇文章中,作者还推测了这项工作的未来扩展:

　　"用现今的计算机可以将 π 计算到 1 000 000 位小数吗? 从第一节的注释中,我们看到我们所描述的程序需要**几个月**的时间。但由于 IBM 7090 的内存太小,如果将其内存扩充 10 倍,使用一个修改后的程序,写入和读取部分结果,那么甚至需要更长的时间。我们真的需要一台速度是现在的 100 倍、可靠性是现在的 100 倍、内存是现在的 10 倍的计算机。现在还没有这样的机器。当然,还有很多其他公式……和其他编程装置也是可能的选项,但似乎任何这样的修改都只能带来一个相当小的提升。"——原注

02

任何一个人,无论多么有天赋,他可以运算的数的大小都在普通人的理解范围之内。另一方面,数论的某些部分所涉及的那些数是如此庞大,远远超出了可与"现实生活"中遇到的任何数相比的范围,以至于它们的大小在任何普通情况下都无法理解。为了描述超大的数,美国数学家卡斯纳(Edward Kasner)发明了一个名称——googol。[①] 事实上,他一直坚称这是他9岁的侄子发明的:

$$1 \text{ googol} = 10^{100}$$

于是,1 googol 就是一个1后面跟着100个0的数。这个词已被许多词典收录。卡斯纳更进一步,提出了另一个名称——googolplex:

$$1 \text{ googolplex} = 10^{\text{googol}}$$

这个数后面不是只有100个0,而是有整整1 googol 个0。你也许会问,我们可能遇到这么大的数吗?是的,这完全有可能。

费马数的形式为

$$F_n = 2^{2^n} + 1$$

我们在前面的几章中简要地提到过这些数。部分原因是,费马曾猜测所有这些数都可能是素数,因此识别它们的任何因数一直具有相当大的理论意义。费马的这个猜测在 $n=5$ 时失效了,因为 F_5 是合数。

现在已经知道许多更高阶的费马数也都是合数,因此相反的猜测正在流行:也许比 F_4 更高阶的费马数**都不是**素数。考虑一下这种可能性。现在已知从 $n=5$ 到 $n=16$ 的所有 F_n 都是合数。F_{17} 是如此之大,以至于我们查阅素数定理可以发现,它是素数的概率只有大约 $\dfrac{1}{45\,000}$。[②] 在这之

古老数学分支的永恒魅力　漫游数论世界

120

---

①　"Googol", *Mathematics and the Imagination*, Edward Kasner and James R. Newman (Simon & Schuster, New York, 1940), p. 20.——原注

②　根据素数定理,一个随机选择的、大小与 F_{17} 相近的数为素数的概率约为 $\dfrac{1}{90\,000}$。但我们先验地知道 F_{17} 属于所有奇数这一较小的集合,这使概率翻倍了。——原注

后,对于更高阶的 F_n,概率迅速降低。

尽管最近在计算机的帮助下人们发现了许多更高阶的费马数的部分因数分解,但我们在表 9.2 中仅总结了 $n<17$ 的相关信息。[1] 1961 年,塞尔弗里奇(J. L. Selfridge)和赫维茨(Alexander Hurwitz)用计算机发现了 F_{13} 和 F_{14} 是合数。[2] 他们指出,F_{17} 将是下一个要检验的,但"对 F_{17} 的完整检验需要在 IBM 7090 上花费整整 128 周的机器时间"。

表 9.2　$n<17$ 的费马数信息[3]

n	F_n
0,1,2,3,4	素数
5,6	合数,已被完全因数分解
7,8	合数,但无已知因数
9	合数,已知 1 个素因数
10,11	合数,已知 2 个素因数
12	合数,已知 3 个素因数
13,14	合数,但无已知因数
15,16	合数,已知 1 个素因数

F_{17} 有多大？它有 39 456 位数字。1 googol 要比它小得多。实际上,1 googol 的 100 次方,即 $(10^{100})^{100}$,其位数仍然大约只有 F_{17} 的四分之一。当然,令人惊奇的是,人们对这样一个数竟然知道一些事情。此外,许多

---

[1]　关于 F_n 的已知数据的一个更完整列表,请参见"A report on primes of the form $k \cdot 2^n+1$ and on factors of Fermat numbers", Raphael M. Robinson, *Proceedings of the American Mathematical Society*, vol. 9 (1958), p. 673；另请参见"New factors of Fermat numbers", Claude P. Wrathall, *Mathematics of Computation*, vol. 18 (1964), p. 324。——原注

[2]　赫维茨和塞尔弗里奇宣布 F_{14} 是合数的论文发表在 *Notices of the American Mathematical Society*, vol. 8 (1961), p. 60。他们关于 F_{17} 所引的评论摘自"Fermat and Mersenne numbers," *Mathematics of Computation*, vol. 18 (1964), p. 146。——原注

[3]　到 2022 年,从 F_5 到 F_{11} 的所有费马数都已被完全因数分解,且 F_{12} 有 6 个已知因数,F_{13} 有 4 个已知因数,F_{14} 有 1 个已知因数。——译注

大于 F_{17} 的费马数的单个素因数现在已经为人所知。不用说,没有人做过任何实际的长除法,即使是借助机器。相对简单的测试就可以揭示出某些非常特殊类别的因数(如果存在的话)。目前能知道一些信息的最大的费马数是 F_{1945},它已被证明能被 $5×2^{1947}+1$ 整除。

怪兽般的 F_{1945} 的大小让人完全无法理解。关于相对而言较小的 F_{36},卢卡斯写道:"能够写得下这个数的纸带将环绕整个世界。"[1]与之相比,1 googol 只需要两行就能轻松写完。

目前人们非常感兴趣的是,尽管自 1909 年以来,人们就知道 F_7 和 F_8 是合数,但到 1965 年还没有找到它们的任何因数。[2] 它们没有小的素因数:它们的最小因数的下限已被推高至 $2^{35} = 34\ 359\ 738\ 368$。[3] F_7 有 39 位数字,因此它的素因数最多可以有 20 位数字。对于如今的大型计算机来说,搜索 12 到 20 位数范围内的因数似乎并不是一项无法完成的任务。有人猜测,这个存在了 50 年的顽固难题即将被破解,甚至可能是在本书付梓之前。

---

① Edouard Lucas, *Théorie des nombres*, vol. 1 (1891), p. 51。在这条环绕世界的纸带上,每英寸大约有 15 位数字。——原注

　卢卡斯(Edouard Lucas, 1842—1891),法国数学家。他根据斐波那契数列 1,1,2,3,5,8,13,21,…的模式设计出了他自己的数列 1,3,4,7,11,18,29,…,该数列被称为卢卡斯数列。参见《他们创造了数学——50 位著名数学家的故事》,波萨门蒂著,涂泓、冯承天译,人民邮电出版社,2022。——译注

② F_7 和 F_8 分别在 1975 年和 1981 年被完全因数分解,其中

$$F_7 = 59\ 649\ 589\ 127\ 497\ 217×5\ 704\ 689\ 200\ 685\ 129\ 054\ 721$$

$F_8 = 1\ 238\ 926\ 361\ 552\ 897×$

93 461 639 715 357 977 769 163 558 199 606 896 584 051 237 541 638 188 580 280 321。——译注

③ "Some miscellaneous factorizations", John Brillhart, *Mathematics of Computation*, vol. 17 (1963), p. 447。——原注

03

第 8 章中提到过的史丘斯数 S 有以下表达式：

$$S = e^{e^{e^{79}}} \approx 10^{10^{10^{34}}}$$

这个数比 1 googleplex 要大得多，参见表 9.3。S 只是满足 $Li(x) < N$ 的第一个 x 的大小的上限。但如果 $Li(x) < N$ 确实是在某种意义上第一次"接近 S"的话，那么从前 600 万个素数中获得的所有迹象都是毫不相关的，这也就不足为奇了。

我们只有通过相互比较，才能有意义地谈论这些巨大数值的大小。表 9.3 按数量级列出了其中几个。

表 9.3　一些大数的位数

N	N 的位数
第 600 万个素数	9
F_7	39
F_8	78
googol	100
1000!	2568
$*2^{11\,213} - 1$	3376
$(googol)^{100^?}$	10 000
F_{17}	（约）40 000
F_{36}	（约）200 亿
googolplex	10^{100}
F_{1945}	（约）10^{600}
史丘斯数	（约）$10^{10^{10^{34}}}$
*这是第 23 个梅森素数，也是到 1965 年为止已知的最大素数①	

① "Three new Mersenne primes…", Donald B. Gillies, *Mathematics of Computation*, vol. 18（1964），p. 93.——原注
到 2018 年底，一共发现了 51 个梅森素数。——译注

我们以关于大数的一个简短练习来结束本章:1000!的末尾有多少个零?参考表9.3,我们看到1000!是一个2568位的数,所以我们当然不会想去把它乘出来再数有多少个零。一定有更好的办法。

在这个问题和类似的其他问题中,有一个特殊的符号(称为向下取整函数)会为我们提供很好的帮助。符号$\lfloor x \rfloor$表示不超过x的最大整数。因此$\lfloor \pi \rfloor = 3$,$\lfloor \frac{7}{3} \rfloor = 2$,$\lfloor 3 \rfloor = 3$。尽管$\lfloor x \rfloor$看起来是$x$的一种粗略近似,但有趣的是,我们可以用它来获得精确的结果。事实证明,这正是我们要用来解决上述问题所需要的函数。事实上,任何素数p出现在$n!$的**完全**因数分解中的总次数是

$$\left\lfloor \frac{n}{p} \right\rfloor + \left\lfloor \frac{n}{p^2} \right\rfloor + \left\lfloor \frac{n}{p^3} \right\rfloor + \cdots$$

这里的3个点表示我们应该继续下去,一直到零。也就是说,一直继续到分母变为大于n。

我们可以用一个简单的例子来试一试:在9!的完全因数分解中,2会出现多少次?

$$\left\lfloor \frac{9}{2} \right\rfloor + \left\lfloor \frac{9}{2^2} \right\rfloor + \left\lfloor \frac{9}{2^3} \right\rfloor + \left\lfloor \frac{9}{2^4} \right\rfloor (停止)$$

$$= 4 + 2 + 1 + 0$$

$$= 7$$

检验:

$$9! = 1 \times 2 \times 3 \times 4 \times 5 \times 6 \times 7 \times 8 \times 9$$

$$= 1 \times 2 \times 3 \times (2 \times 2) \times 5 \times (2 \times 3) \times 7 \times (2 \times 2 \times 2) \times (3 \times 3)$$

$$= 1 \times 2^7 \times 3^4 \times 5 \times 7$$

正如所预测的那样,这里有7个2。如何对此进行解释?

将$n!$写出来,不是写成完全因数分解的形式,而是写成$1 \times 2 \times 3 \times \cdots \times n$的形式。在此形式中,因数2在每个偶因数中都出现一次,即在上述乘积形式中的每2个乘数中出现一次。此外,它还在每4个乘数中又出现一次;还在每8个乘数中又出现一次……因为9!只有9个乘数,所以当我

们除以 16 时，就自动停止了。如果我们用 p 代替 2，就得到了一般证明。

我们顺便注意到一个有趣的对比。在这里，我们只关心 n 中包含每个除数的正整数次幂。而余数则无关紧要，我们将其舍弃。这与模运算正好相反：在模运算中，我们只关心余数，而完全不关心商的部分。

不过，我们还没有回答最初提出的关于 1000! 的末尾有多少个零的问题，现在这个问题很容易回答了。[①] 我们现在需要知道的是，因数 10 在其中出现了多少次。但是 10 不是素数，所以上面的公式不能直接拿来用。不过，10＝5×2，而 1000! 中的 2 远远多于 5。既然有过量的 2，那么我们只需要知道 1000! 中有多少个 5：

$$\left\lfloor \frac{1000}{5} \right\rfloor + \left\lfloor \frac{1000}{5^2} \right\rfloor + \left\lfloor \frac{1000}{5^3} \right\rfloor + \left\lfloor \frac{1000}{5^4} \right\rfloor + \left\lfloor \frac{1000}{5^5} \right\rfloor$$

$$= 200 + 40 + 8 + 1 + 0$$

$$= 249$$

因此，1000! 的末尾有 249 个零。

在这一章中，我们通过漫步于一些小巷和小路，拓展了我们的思维和接受范围，其中有一些课题并不属于数论的范围。现在让我们结束离题，回到主干道上来。

---

① 关于 1000!，另请参见 E-1180，*American Mathematical Monthly*，vol. 63（1956），p. 189。——原注

第10章 连分式

现在我们再来看看第 3 章中讲解过的欧几里得算法。

我们通过该算法确认了 14 和 45 是互素的:它们除了 1 之外没有其他的公因数。我们当时的第一次运算是将 45 除以 14。这一步的另一种写法是

$$\frac{45}{14} = 3 + \frac{3}{14}$$

根据欧几里得算法,接下去我们必须将 14 除以 3。为了将这个除法纳入这种新的模式,我们写成

$$\frac{45}{14} = 3 + \frac{1}{\frac{14}{3}} = 3 + \frac{1}{4 + \frac{2}{3}}$$

下一个除法是 3 除以 2,所以我们再次将最后一个分数写成倒数:

$$\frac{45}{14} = 3 + \frac{1}{4 + \frac{1}{\frac{3}{2}}} = 3 + \frac{1}{4 + \frac{1}{1 + \frac{1}{2}}}$$

通常,我们在到达这一步后就停下来了,因为我们在最后一个分数中得出了分子为 1 的结果。接下来,如果我们再进行一次取倒数的过程,就会得到 2 被 1 整除,余数为零,重又给出 $\frac{1}{2}$。每当最大公因数为 1 时,这

也是欧几里得算法的终端。

多层表达式

$$3+\cfrac{1}{4+\cfrac{1}{1+\cfrac{1}{2}}}$$

被称为 $\dfrac{45}{14}$ 这个数的**连分式展开**。我们已经看到了它与欧几里得算法的密切联系。

现在假设我们在这个表达式中删除最后一个分数 $\frac{1}{2}$，并计算剩下的值，就有

$$3+\cfrac{1}{4+\cfrac{1}{1}}=\frac{16}{5}$$

这个值与我们一开始的那个数 $\frac{45}{14}$ 不相等，而我们当然也不会预料它们相等。当我们丢掉 $\frac{1}{2}$ 后，就将它改变了。这两个数并不相等，但它们相差多少呢？并不多：

$$\frac{45}{14}-\frac{16}{5}=\frac{45\times5-14\times16}{14\times5}=\frac{225-224}{70}=\frac{1}{70}$$

丢掉这个 $\frac{1}{2}$，整个表达式的值只差了 $\frac{1}{70}$。但这也许只是巧合，我们最好再试一个：

$$\frac{87}{37}=2+\frac{13}{37}=2+\cfrac{1}{\cfrac{37}{13}}$$

$$=2+\cfrac{1}{2+\cfrac{11}{13}}=2+\cfrac{1}{2+\cfrac{1}{\cfrac{13}{11}}}$$

$$=2+\cfrac{1}{2+\cfrac{1}{1+\cfrac{2}{11}}}=2+\cfrac{1}{2+\cfrac{1}{1+\cfrac{1}{\cfrac{11}{2}}}}$$

$$= 2 + \cfrac{1}{2 + \cfrac{1}{1 + \cfrac{1}{5 + \cfrac{1}{2}}}}$$

我们打算丢弃的那个最后的分数同样也是 $\dfrac{1}{2}$（最后一个分数不一定

非得是 $\dfrac{1}{2}$，这只是巧合而已）。删除它并重新计算剩下的分数，得到

$$2 + \cfrac{1}{2 + \cfrac{1}{1 + \cfrac{1}{5}}} = \dfrac{40}{17}$$

和之前一样，我们用原来的 $\dfrac{87}{37}$ 减去这个数，以便进行比较：

$$\dfrac{87}{37} - \dfrac{40}{17} = \dfrac{87 \times 17 - 37 \times 40}{37 \times 17} = \dfrac{1479 - 1480}{629} = -\dfrac{1}{629}$$

这个差值甚至比之前更小，而且这次恰好是负值。事实上，重要的并不在于差值的大小（尽管我们也将在另一方面用到这个特征）。目前更重要的是，在这两个例子中，最终的差的分子恰好都是1。

这并非巧合。尽管我们省略了证明，但不难发现：只要原分数的分子和分母是互素的，即原分数在我们开始计算它之前已被约分为"最简形式"，那就总是会发生这一情况。

从这条简单的定理中，我们得到了几个意想不到的结果。

线性方程

$$45x - 14y = 1$$

有无穷多对解 (x, y)：你所要做的就是选择一个 x，并对此求出相应的 y。但这样做的话，很可能它们并不都是整数。方程有没有丢番图解？也就是说，有没有满足该方程的正整数对 (x, y)？我们刚刚发现了一对：$x = 5$ 和 $y = 16$。如果你往回翻一两页，你会找到等式

$$\frac{45\times5-14\times16}{14\times5}=\frac{1}{70}$$

将上式两边都乘 70,那么得出的结果正是我们想要的:

$$45\times5-14\times16=1$$

找到这对 (5,16) 的方法是由写出相关的连分式而得出的,并不需要猜测。

这还不是全部。假设原来的方程是

$$87x-37y=1$$

我们这次的推导过程会给出

$$87\times17-37\times40=-1$$

这并没有解出该方程。但这也不算前功尽弃,还是有一条出路的。我们可以将 $\dfrac{87}{37}$ 的那个连分式再扩展一步,将最后一个 $\dfrac{1}{2}$ 替换为

$$\cfrac{1}{1+\cfrac{1}{1}}$$

这样一来,要丢弃的最后一个分数不是 $\dfrac{1}{2}$,而是 $\dfrac{1}{1}$,我们必须重新计算这样做以后的分数值。留给你自己去计算,相信你会得出

$$2+\cfrac{1}{2+\cfrac{1}{1+\cfrac{1}{5+\cfrac{1}{1}}}}=\frac{47}{20}$$

像往常一样求出两者的差:

$$\frac{87}{37}-\frac{47}{20}=\frac{87\times20-37\times47}{37\times20}=\frac{1740-1739}{740}=\frac{1}{740}$$

即

$$87\times20-37\times47=1$$

这意味着 $x=20,y=47$ 是该方程的一对解。

为什么有人想要得到这样一个方程的整数解呢? 我们希望此时此刻,你的心态已经准备好要接受登山者的那种回答了,而这也是数学家的回答:

"因为它就在那里。"但如果你非要追问的话,那么还是有其他一些原因的。我们可以编造一个"真实生活"情景的问题,使我们的各个解答适用于这种情景,尽管这些问题通常是明显虚假的,以至于几乎不值得编造。

一个人发现,如果他去买一种每件 87 美分的小工具,那他就可以把他的钱花完;而如果他去买一种每个 37 美分的小配件,那么他就会剩下 1 美分。他有多少钱?设这些小工具和小配件的数量分别为 W 和 G,那么这些花费的方程就是

$$87W = 37G + 1$$

$$87W - 37G = 1$$

我们刚刚已经求得 $W = 20$, $G = 47$ 满足这个方程。因此,他有 $87 \times 20 = 1740$ 美分,即 17.40 美元。

这不是**唯一**的解。从

$$87 \times 20 - 37 \times 47 = 1$$

开始,我们可以在等式的左边加上再减去 87×37 这个量,此时等式仍成立,即有

$$87 \times 20 + 87 \times 37 - 37 \times 47 - 87 \times 37 = 1$$

$$87 \times (20 + 37) - 37 \times (47 + 87) = 1$$

$$87 \times 57 - 37 \times 134 = 1$$

因此,他也可能有 49.59 美元,足够购买 57 件小工具或 134 个小配件。通过加上再减去 87×37 的整数倍,我们可以找到任意多个解。

该问题的几何图形也不乏趣味。$(20, 47)$ 的两个坐标都为整数,这样的点称为平面的一个格点。它是坐标网格中的一条水平线和一条竖直线的交点。方程

$$87x - 37y = 1$$

则表示通过格点 $(20, 47)$ 的一条直线。[①] 它在一定距离内不会再通过另

————————

① 凯利斯基(P. P. Kelisky)指出,在此直线上的所有格点中,第一个丢番图解总是离原点最近的那个格点。"Concerning the Euclidean algorithm", *Fibonacci Quarterly*, vol. 3 (1965) p. 219. ——原注

一个格点。它通过的下一个格点是 $(57,134)$ 。但我们之前已经证明了，如果方程形式为 $ax-by=1$ 的一条直线通过一个格点，那么它最终必定会通过无穷多个格点。[①]

如果我们有更多的时间，接下来应该讨论方程

$$ax-by=c$$

其中 a 和 b 不是互素的。如果它们的最大公因数是 c ，那么我们将等式两边除以 c ，于是这个例子就简化成了上面的那个例子。如果它们的最大公因数不是 c ，而是另一个数，比如说是 d ，那么我们很快就能证明：当且仅当 c 能被 d 整除时，

$$ax-by=c$$

有整数解。

---

① 因为此直线的斜率是一个有理数，所以关于格点的这个结果是直截了当的，但我们宁可不采用任何解析几何的知识。——原注

02

显而易见,任何无理数都不可能具有有限的(会终止的)连分式展开。因为我们知道,我们总是可以"压缩"任何有限的连分式,直到将其精简到一个有理数 $\frac{p}{q}$。因此,如果无理数具有连分式展开(事实上它们确实有),那么这些连分式必然是无穷的。①

为了找到 $\sqrt{2}$ 的连分式展开②,我们首先要加上再减去小于 $\sqrt{2}$ 的最大正整数 1:

$$\sqrt{2} = 1 + \sqrt{2} - 1$$

我们之前取倒数的运算相当顺利,所以我们再试一次:

$$\sqrt{2} = 1 + \cfrac{1}{\cfrac{1}{\sqrt{2}-1}}$$

现在可以将最后一个分数 $\dfrac{1}{\sqrt{2}-1}$ 乘 $\dfrac{\sqrt{2}+1}{\sqrt{2}+1}$,对其分母进行有理化:

$$\sqrt{2} = 1 + \cfrac{1}{\cfrac{\sqrt{2}+1}{(\sqrt{2}-1)(\sqrt{2}+1)}} = 1 + \cfrac{1}{\cfrac{\sqrt{2}+1}{2-1}}$$

即

$$\sqrt{2} = 1 + \cfrac{1}{1+\sqrt{2}}$$

现在要进行一项重要操作了,这是整个过程的关键。我们可以用等式的

---

① 奥尔兹(Carl D. Olds)为学校数学研究小组的专题论文项目写了一篇关于连分式的出色的基本介绍,旨在供聪明而有抱负的高中生课外阅读,参见 *Continued Fractions*(Random House,New York,1963)。这句话是奥尔兹的这篇介绍文章中第 2 章的主要结果。——原注

② 关于 $\sqrt{2}$ 的连分式展开的几何推导,请参见 *Through the Mathescope*,C. S. Ogilvy(Oxford University Press,New York,1956),p. 16。——原注

整个右边代替最后一个$\sqrt{2}$，因为它也等于2的平方根：

$$\sqrt{2} = 1 + \cfrac{1}{1+\left(1+\cfrac{1}{1+\sqrt{2}}\right)} = 1 + \cfrac{1}{2+\cfrac{1}{1+\sqrt{2}}}$$

但是，似乎没有什么能阻止我们重复这一操作。因此，我们鼓起勇气说，假如这个过程确实收敛到某一个值，那么它必定收敛到$\sqrt{2}$。事实上，确实如此。

$$\sqrt{2} = 1 + \cfrac{1}{2+\cfrac{1}{2+\cfrac{1}{2+\cdots}}}$$

这里的3个点表示这个分数会无限继续下去。

为了检验（而不是证明）我们的连分式正在趋近$\sqrt{2}$，让我们来估算那些相继的**渐近分式**，即从左边开始得到的部分分式。如果我们删除所有的分式，那么第一个渐近分式是$C_1 = 1$。接下去的几个是

$$C_2 = 1 + \cfrac{1}{2} \qquad = \frac{3}{2}$$

$$C_3 = 1 + \cfrac{1}{2+\cfrac{1}{2}} \qquad = \frac{7}{5}$$

$$C_4 = 1 + \cfrac{1}{2+\cfrac{1}{2+\cfrac{1}{2}}} = \frac{17}{12}$$

以此类推。如果你真的这样不断计算下去，那么你很快就会发现一个模式。

$$\frac{1}{1}, \frac{3}{2}, \frac{7}{5}, \frac{17}{12}, \cdots$$

其中每一个新分母都是前一个分数的分子和分母之和，如$7+5=12$。因此，该数列中的下一个分母应该是$17+12=29$。为了得到新的分子，可将

新的分母与前一个分母相加,在目前这种情况下是29+12,即41。所以下一个分数是$\frac{41}{29}$,再下一个是$\frac{99}{70}$,以此类推。

现在,将这些渐近分式与$\sqrt{2}$相比较,会有什么结果呢?找出答案的最好方法是将这些渐近分式取平方,并将该值与2进行比较。取平方后的这些值如下:

$$\frac{1}{1},\frac{9}{4},\frac{49}{25},\frac{289}{144},\frac{1681}{841},\frac{9801}{4900},\cdots$$

这些分数与2这个数之间的相继差为

$$-\frac{1}{1},\frac{1}{4},-\frac{1}{25},\frac{1}{144},-\frac{1}{841},\frac{1}{4900},\cdots$$

请注意,正负号在其中是交替出现的,分子全都是1,而分母快速增大。我们在上一节中讨论截断的有限连分式的相关内容时,遇到过所有这些特征。

这个数列中的每一个分数都比它的前一个分数更接近$\sqrt{2}$,并且可以说:可以认为"中间值"是不存在的。我们在第5章中观察到,$\sqrt{2}$是无理数,这一事实就等价于没有任何一个完全平方数是另一个完全平方数的2倍。我们在这里发现的都是一对对的完全平方数,它们的比例**几乎**都是2比1。如果用$\frac{y}{x}$来表示这些渐近分式,那么它们都满足

$$\frac{y^2\pm1}{x^2}=2$$

即

$$y^2-2x^2=\mp1 \quad ①$$

$\sqrt{2}$的连分式展开给出了一个二次丢番图方程的所有整数解,正如一个连分式可以给出一个线性丢番图方程的所有解一样。

---

① 设$y_i^2=1^2,3^2,7^2,17^2,\cdots$;$x_i^2=1^2,2^2,5^2,12^2,\cdots$,则对$i=1,3,5,\cdots$,有$y_i^2-2x_i^2=-1$;对$i=2,4,6,\cdots$,有$y_i^2-2x_i^2=+1$。——译注

这些解可以在坐标图中惊人地显示出来。想象直角坐标平面的第一象限是一块板,在其每个格点处都垂直地插入一枚大头针。我们现在用某种独特的方式(比如用一枚红头的大头针)来标记构成该方程的解的各个格点的坐标:$(1,1)$,$(2,3)$,$(5,7)$,$(12,17)$等。如果我们现在将一根线从针$(1,2)$拉伸到针$(2,3)$,再拉伸到针$(12,17)$,以此类推,即使用每个与**大于**$\sqrt{2}$的商$\dfrac{y}{x}$相关的格点,那么这根线就会形成如图 10.1 所示的上面那条多边形线。第二根线可以通过$(1,1)$,$(5,7)$及所有其他与**小于**$\sqrt{2}$的商$\dfrac{y}{x}$相关的格点,形成图中下面那条多边形线。这两条线将界定一条**没有格点**的狭长通道。图中的箭头指向$\sqrt{2}$的精确无理值的方向(意思是 $\tan \alpha = \sqrt{2}$)。然后,如果你从原点朝那个方向看,那么理论上,你会有一个不受大头针阻挡的清晰视野,一直"到无穷远"。此外,除了$(1,2)$处的终端大头针(我们只是用它来开始工作)之外,这两根拉紧的线会接触到红头大头针,而且会接触到所有这些大头针。

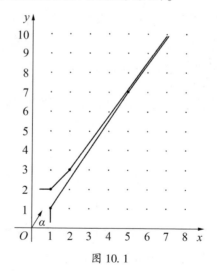

图 10.1

03

现在我们可以回答第 2 章中提出的问题:什么样的完全平方数可以同时是三角形数?[①] 我们那时候发现,三角形数的形式是 $\frac{n^2+n}{2}$。这一形式的数什么时候等于一个完全平方数? 我们设

$$\frac{n^2+n}{2}=m^2$$

消去分母 2,然后两边都乘 4 再加上 1,就得到

$$4n^2+4n+1=8m^2+1$$

即

$$(2n+1)^2=2(2m)^2+1$$

该式有整数解,只要

$$y^2-2x^2=1$$

有整数解,其中 $y=2n+1$,$x=2m$。我们现在知道,这些解正是 $\sqrt{2}$ 的连分式的下列交替渐近分式 $\frac{3}{2}$,$\frac{17}{12}$,$\frac{99}{70}$,…所对应的格点:$(2,3)$,$(12,17)$,$(70,99)$,…。因为 $m=\frac{x}{2}$,所以所求的完全平方数 m^2 为 1^2,6^2,35^2,…。

---

① 关于同时是三角形数的完全平方数,请参见:"Ten mathematical refreshments",Dewey Duncan, *The Mathematics Teacher*, vol. 58 (1965), p. 102。谢尔宾斯基从他的《毕达哥拉斯三角形》(*Pythagorean Triangles*)一书的第 20 页开始,以一种完全不同的方式对此进行了阐述。——原注

所有形式为 $\sqrt{a^2+1}$ 的无理数都可以像我们处理 $\sqrt{2}$ 一样展开。事实上,一般解是

$$\sqrt{a^2+1}=a+\cfrac{1}{2a+\cfrac{1}{2a+\cfrac{1}{2a+\cdots}}}$$

而 $\sqrt{2}$ 只是它的一个特例。但对于不属于这一类型的所有其他数,就必须修改这个程序。例如,$\sqrt{3}$ 不是一个形式为 $\sqrt{a^2+1}$ 的数。它的展开式是

$$\sqrt{3}=1+\cfrac{1}{1+\cfrac{1}{2+\cfrac{1}{1+\cfrac{1}{2+\cdots}}}} \qquad ①$$

古老数学分支的永恒魅力

漫游数论世界

---

① 推导过程如下。我们为 $\sqrt{a^2+2}$ 建立连分式,$\sqrt{3}=\sqrt{1+2}$ 是它的一个特例。

$$\sqrt{a^2+2}=a+\sqrt{a^2+2}-a$$
$$=a+\cfrac{1}{\cfrac{1}{\sqrt{a^2+2}-a}}$$

现在对最后一部分进行"分母有理化":

$$\frac{1}{\sqrt{a^2+2}-a}=\frac{1}{\sqrt{a^2+2}-a}\cdot\frac{\sqrt{a^2+2}+a}{\sqrt{a^2+2}+a}$$
$$=\frac{\sqrt{a^2+2}+a}{2}=\frac{2a+\sqrt{a^2+2}-a}{2}$$
$$=a+\frac{\sqrt{a^2+2}-a}{2}=a+\cfrac{1}{\cfrac{2}{\sqrt{a^2+2}-a}}$$

至此,我们已经得出了
(下转下页)

在非常成功地通过$\sqrt{2}$求解了方程

$$y^2 - 2x^2 = \pm 1$$

之后,我们会预期$\sqrt{3}$也许能用来为我们求解以下方程:

$$y^2 - 3x^2 = \pm 1$$

$\sqrt{3}$的相继渐近分式为

$$1, 2, \frac{5}{3}, \frac{7}{4}, \frac{19}{11}, \frac{26}{15}, \cdots$$

(上接上页)

$$\sqrt{a^2 + 2} = a + \cfrac{1}{a + \cfrac{2}{\sqrt{a^2 + 2} - a}}$$

现在,

$$\frac{2}{\sqrt{a^2 + 2} - a} = 2\left(\frac{1}{\sqrt{a^2 + 2} - a}\right)$$

而我们刚刚完成了对括号中的那个分数的推导。将其值代入主表达式,我们就得到

$$\sqrt{a^2 + 2} = a + \cfrac{1}{a + \cfrac{1}{2a + \cfrac{1}{\sqrt{a^2 + 2} - a}}}$$

这里我们又得出了$\dfrac{1}{\sqrt{a^2 + 2} - a}$,这一模式一次又一次地重复出现,因此

$$\sqrt{a^2 + 2} = a + \cfrac{1}{a + \cfrac{1}{2a + \cfrac{1}{a + \cfrac{1}{2a + \cdots}}}}$$

我们观察发现,当$a = 1$时就得到了$\sqrt{3}$的展开式。——原注

它们的平方为

$$1, 4, \frac{25}{9}, \frac{49}{16}, \frac{361}{121}, \frac{676}{225}, \cdots$$

这些分数与 3 相比较,会有什么结果? 将它们减去 3,我们分别得到

$$-\frac{2}{1}, \frac{1}{1}, -\frac{2}{9}, \frac{1}{16}, -\frac{2}{121}, \frac{1}{225}, \cdots$$

拜托,那看上去不像是对的。在分子里出现的那些 2 算什么? 一定是哪里出错了吧。我们再算一遍,没有错。这确实令人震惊。如果这些渐近分式用 $\frac{y}{x}$ 来表示,那么**每隔一个**的渐近分式满足

$$y^2 - 3x^2 = 1$$

其他的渐近分式则满足

$$y^2 - 3x^2 = -2$$

这是一个我们并没有想到的方程,但它却无缘无故地闯了进来。对此我们无能为力,这是数字丛林生活的一部分。

事实证明,当 N 不是完全平方数时,方程

$$y^2 - Nx^2 = 1 \quad ①$$

有整数解,但

$$y^2 - Nx^2 = -1$$

在 $N = 2$ 时有整数解,而在 $N = 3$ 时无整数解。究竟对哪些 N 能有整数解,这是一个漫长而有趣的故事的一部分,在这里无法一一道来。

到目前为止,本章的所有内容最多涉及**二次**无理数——**平方根数**。尽管 $\sqrt{3}$ 不像 $\sqrt{2}$ 对我们那么友好,但它的连分式仍然是周期性的。这是一

---

① 该方程被称为佩尔方程(Pell's equation)。——译注

种非常普遍的情况：所有二次无理数都有周期性的连分式展开。① 与此相反，**三次**无理数就是另一回事了，人们对其知之甚少。

① 在这里，有理分式的循环小数的周期长度问题，类似于二次无理数的连分式展开中重复部分的周期。关于这些周期，我们知道些什么呢？几乎没有什么。奥尔兹的书（见第 2 节的注释）中有一张有趣的表格，列出了直到 $N = 40$ 的 $\sqrt{N}$ 展开式的周期部分。检查一下这张表，就会立即发现一些尚无答案的问题。为什么 $\sqrt{31}$ 的周期比其他任何数的周期都长？$\sqrt{13}$ 和 $\sqrt{29}$ 有什么共同点，以至于只有它们的周期长度为 5？为什么没有长度为 3 的周期？（参见奥尔兹的书第 116 页。）

奥尔兹教授在 1965 年给本书的两位作者的一封信中写道："我认为人们对连分式的周期长度知之甚少。我鼓励洛克希德航空实验室的一些人计算二次无理数的周期，希望能有所发现。但我得到的只是厚厚的两卷数字…… $\sqrt{1\,000\,099}$ 的连分式展开充分表明了用于计算该表的程序的使用范围。这个展开式的周期长度为 2174…… 满足方程 $x^2 - 1\,000\,099y^2 = 1$ 的最小正整数 x 有 1118 位。"

因此，虽然佩尔方程确实总是有一个解，但要把它求出来可能就是另一回事了！ ——原注

伟大而多产的数学家欧拉指出，如果一个收敛级数的形式为

$$c_1+c_1c_2+c_1c_2c_3+\cdots$$

那么它就等价于连分式

$$\cfrac{c_1}{1-\cfrac{c_2}{1+c_2-\cfrac{c_3}{1+c_3-\cdots}}}$$

你可以通过将前几个连分式展开来验证这一点。

现在，有一个众所周知的级数，可以用来表示正切为 x 的角度：

$$\arctan x = x-\frac{x^3}{3}+\frac{x^5}{5}-\frac{x^7}{7}+\cdots$$

$$= x+x\left(-\frac{x^2}{3}\right)+x\left(-\frac{x^2}{3}\right)\left(-\frac{3x^2}{5}\right)+\cdots$$

$$= \cfrac{x}{1+\cfrac{x^2}{3-x^2+\cfrac{9x^2}{5-3x^2+\cfrac{25x^2}{7-5x^2+\cdots}}}}$$

在 $x=1$ 这一特殊情况下，等式左边得到正切为 1 的角度，即 45°。这就是 $\frac{\pi}{4}$（如果你喜欢的话，也可以说是 $\frac{\pi}{4}$ 弧度），因此我们最后得到

$$\frac{\pi}{4} = \cfrac{1}{1+\cfrac{1^2}{2+\cfrac{3^2}{2+\cfrac{5^2}{2+\cdots}}}}$$

超越数 π 不是任何代数方程的根（不是二次方程、三次方程或任何其他阶方程的根），但它却有一个有规则的连分式表达式，这一点非常令人惊讶。不过，我们注意到，这一表达式并没有达到专家们所说的"简

单"的要求,这意味着这些部分分式的分子并不都是 1。我们可以把 π 的连分式写成开头部分为"简单"的形式,事实上人们已经发现了大量具有简单形式的渐近分式,但是其分母似乎并不遵循任何可预测的模式。

e 是自然对数的底,它由以下收敛级数定义:

$$e = 1 + \frac{1}{1!} + \frac{1}{2!} + \frac{1}{3!} + \cdots$$

和 π 一样,e 也是一个超越数,但与 π 不同的是,e 的简单连分式展开显示出一种模式:

$$e = 2 + \cfrac{1}{1 + \cfrac{1}{2 + \cfrac{1}{1 + \cfrac{1}{1 + \cfrac{1}{4 + \cfrac{1}{1 + \cfrac{1}{1 + \cfrac{1}{6 + \cdots}}}}}}}}$$

尽管与数论相去甚远,但这却引出了一个有意思的难题:在某种意义上,e 是一个比 π"更简单"的数吗? 丹尼尔·尚克斯和伦奇告诉我们,将 e 的值计算到小数点后 100 000 位所需的机器时间还不到计算相应的 π 值所需时间的三分之一。然后,他们以典型的丹尼尔·尚克斯风格评论道:"人们希望有一种理论上的方法······一种关于数的'**深度**'的理论,但现在还不存在这样的理论。我们可以猜测 e 没有 π 那么'深',但试着去证明一下吧!"①

---

① 引自第 9 章注释中引用过的丹尼尔·尚克斯和伦奇的那篇论文。——原注

第11章 斐波那契数

在第 10 章中,我们没有讨论那个最简单的可能的连分式,它完全由 1 组成:

$$1+\cfrac{1}{1+\cfrac{1}{1+\cfrac{1}{1+\cdots}}}$$

设这个分式的值为 x,于是我们有

$$x = 1+\frac{1}{x}$$

即

$$x^2-x-1=0$$

这个二次方程有两个解:

$$x = \frac{1\pm\sqrt{5}}{2}$$

但只有带加号的那个解才是可采纳的,因为减号会使我们讨论的那个连分式给出负值,而这是不可能的。因此,我们有

$$x = \frac{1+\sqrt{5}}{2} = 1.618\cdots$$

这个数有时用希腊字母 ϕ 来表示(但并不是统一的,各篇文献中给它起

了各种各样的名字）。

该连分式的渐近分式为

$$\frac{1}{1},\frac{2}{1},\frac{3}{2},\frac{5}{3},\frac{8}{5},\frac{13}{8},\frac{21}{13},\frac{34}{21},\cdots$$

与上一章中$\sqrt{2}$的相继渐近分式相比，或者与上一章中的任何一系列渐近分式相比，这些渐近分式看起来变化得相当慢。因为通过相继有理分式来精细地逼近一个无理数需要很大的分子和分母，所以我们可以猜测这个连分式收敛到ϕ的速度相对较慢。例如，$\sqrt{2}$的第 6 个渐近分式是$\frac{99}{70}$，它与$\sqrt{2}$相差 0.000 072，但是ϕ的第 6 个渐近分式是$\frac{13}{8}$，它与ϕ相差 0.0070，两者显示出的误差接近 100 倍。事实上，可以证明，在所有可能的连分式中，ϕ的连分式的收敛速度是最慢的。

这个渐进分式序列的形成规律很容易辨别出来。我们可以立即观察到，各分子和"平移一位"后的各分母都是一样的。这些分母是

$$1,1,2,3,5,8,13,21,34,55,89,144,233,\cdots$$

这是一个著名的数列，以 13 世纪的数学家斐波那契（Fibonacci）的名字命名，而他的原名是比萨的莱昂纳多（Leonardo da Pisa）。[1] 这个数列已经得到了深入的研究，而且至今仍然是数论学家们大量研究的主题。

斐波那契数是这样构成的：在前两个数之后，该数列中的每个数都等于前两个数之和：

$$F_n = F_{n-1} + F_{n-2}$$

人们有时会在自然界中遇到这个数列。假设一棵树按照以下并非不切实际的公式生长：每根老树枝（包括树干）每年长出一根新树枝；每根新树枝在下一年都会生长，但不分枝，再下一年它就成了一根老树枝。这种生长情况如图 11.1 所示。n 年后的树枝数量即为 F_n。

---

[1] 参见《斐波那契数列：定义自然法则的数学》，阿尔弗雷德·S.波萨门蒂、英格玛·莱曼著，涂泓、冯承天译，上海科技教育出版社，2024。——译注

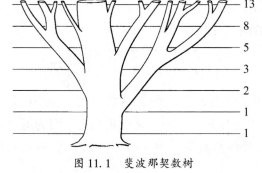

図 11.1 斐波那契数树

01

斐波那契数有大量易于推导的性质,甚至有更多稍微困难一些的性质。其中最简单的性质是:前 n 个斐波那契数之和等于 $F_{n+2}-1$。我们有

$$F_1 = F_3 - F_2$$
$$F_2 = F_4 - F_3$$
$$\vdots$$
$$F_{n-1} = F_{n+1} - F_n$$
$$F_n = F_{n+2} - F_{n+1}$$

如果我们把所有这些等式加起来,等式左边就得到了前 n 个 F 的和。在等式右边,我们采用业内所谓的**裂项相消**方法,结果只剩下 $F_{n+2}-F_2$,而 $F_2=1$。

另一个性质是

$$F_{n+1}^2 = F_n F_{n+2} + (-1)^n$$

等式右边的第二项意味着:这个 1 前面的符号正负交替出现。例如,我们有

$$n=6: \quad F_7^2 = F_6 F_8 + 1, \quad 13^2 = 8 \times 21 + 1$$
$$n=7: \quad F_8^2 = F_7 F_9 - 1, \quad 21^2 = 13 \times 34 - 1$$

$$\cdots\cdots$$

这一点很容易通过数学归纳法来证明。对于 $n=1$ 的情况,这是成立的:$1^2 = 1 \times 2 - 1$。现在假设这对于 $n=k$ 的情况成立,即

$$F_{k+1}^2 = F_k F_{k+2} + (-1)^k$$

将上式两边都加上 $F_{k+1}F_{k+2}$,得到

$$F_{k+1}^2 + F_{k+1}F_{k+2} = F_k F_{k+2} + F_{k+1}F_{k+2} + (-1)^k$$

提取公因式,得

$$F_{k+1}(F_{k+1} + F_{k+2}) = F_{k+2}(F_k + F_{k+1}) + (-1)^k$$

但请记住,根据定义,$F_k + F_{k+1} = F_{k+2}$,我们来相应地替换括号中的每

个表达式,得到

$$F_{k+1}F_{k+3} = F_{k+2}^2 + (-1)^k$$

这表明

$$F_{k+2}^2 = F_{k+1}F_{k+3} - (-1)^k$$

即

$$F_{k+2}^2 = F_{k+1}F_{k+3} + (-1)^{k+1}$$

因此,我们已经证明,如果这个性质在 $n=k$ 时成立,那么它在 $n=k+1$ 时也成立,数学归纳证明就完成了。

02

二项式系数和斐波那契数之间有一种意想不到的联系。图 11.2 显示了第 4 章中的帕斯卡三角形,并加上了一些修饰。图中的这些对角线称为这个三角形的**上升对角线**。(我们希望)你可能会惊讶地发现,上升对角线上的各数之和形成了斐波那契数列。

帕斯卡于 1662 年去世,他的三角形无疑在他成名之前就已经为其他人所知了。然而,200 多年过去了,才有人费心把各条对角线加起来。1876 年,帕斯卡的同胞、数论学家卢卡斯发现了这个现在看来如此明显的关系。① 和往常一样,这是一种用新角度来看待一个熟悉的老场景的做法。在本例中,它是一个 $22\frac{1}{2}$ 度的角度。

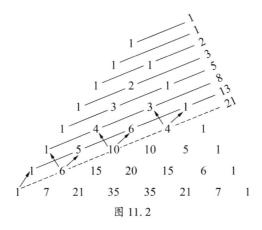

图 11.2

为什么沿着这些对角线的各数之和都是斐波那契数,这"并不难理解",尽管我们不会声称这是一个证明。这样得到的数列恰好从两个 1 开始。因此,我们必须使自己信服的是,任何对角线上的各数,例如沿着图

---

① Edouard Lucas, *Nouveau Correspondance mathématique*, vol. 2(1876), p. 74. 卢卡斯还发明并研究了另一个与斐波那契数列类似的数列,该数列现在以他的姓氏命名。卢卡斯数满足与斐波那契数相同的递归关系,但其起始值为 $L_1 = 1, L_2 = 3$。——原注

中那条虚线的各数,加起来就是前两条对角线上所有数的总和。根据第4章中帕斯卡三角形的原始形成规律,沿着那条虚线对角线上的每个数都是箭头指向的那两个数之和。它们恰好包含了前两条对角线上的所有数,而不包括其他数。

03

斐波那契数的下一个属性存在一个内在的几何证明。如果我们从两个边长均为 1 个单位的正方形开始,让它们与一个 2×2 的正方形邻接,然后再给这个图形加上一个 3×3 的正方形,以此类推,我们就会得到一个如图 11.3 所示的矩形。如果我们碰巧停在 8×8 的正方形,那就会得到一个 8×13 的矩形,其面积可表示为以下形式:

$$1^2+1^2+2^2+3^2+5^2+8^2 = 8 \times 13 \ ①$$

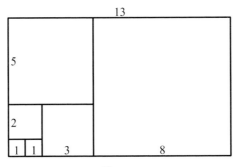

图 11.3

我们可以将这一作图过程继续到任何阶段,于是其一般属性就可以写成

---

① 对于这样一个推理如此严密的几何证明而言,我们似乎完全没有必要再补充任何内容了。不过,对于那些喜欢分析方法的人,我们给出其简单的归纳证明。第一步是 $1+1 = 1 \times 2$。然后是归纳假设:

$$\sum_{n=1}^{k} F_n^2 = F_k F_{k+1}$$

两边都加上 F_{k+1}^2,得到

$$\sum_{n=1}^{k+1} F_n^2 = F_k F_{k+1} + F_{k+1}^2 = F_{k+1}(F_k + F_{k+1}) = F_{k+1} F_{k+2} \quad \text{——原注}$$

$$F_1^2 + F_2^2 + F_3^2 + \cdots + F_n^2 = F_n F_{n+1} \text{①}$$

现在我们提出另一个几何问题。如何将一条线段分为两段,使得较长的部分是整条线段和较短部分的比例中项?如果我们从一条长度为 1 的线段开始(图 11.4),那么我们要求的长度 x 满足

$$\frac{1}{x} = \frac{x}{1-x}$$

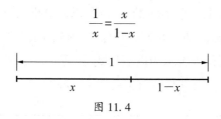

图 11.4

这就相当于二次方程

$$x^2 + x - 1 = 0$$

它的解是

$$x = \frac{-1 \pm \sqrt{5}}{2}$$

我们选择加号,以得到 x 的正值。(顺便问一下,这里负值的几何意义是什么?)那么,整条线段的长度 1 与这个 x 的比值是多少?这个比值可表示为

$$\frac{1}{x} = \frac{2}{-1+\sqrt{5}} = \frac{2}{-1+\sqrt{5}} \times \frac{1+\sqrt{5}}{1+\sqrt{5}} = \frac{2(1+\sqrt{5})}{-1+5} = \frac{1+\sqrt{5}}{2}$$

而这正是 ϕ。古人将这种分割称为黄金分割。

假设我们有图 11.5 中的这个大矩形,其长宽比符合黄金分割比 $\phi:1$。顺便提一下,心理学家告诉我们,对于一个矩形而言,黄金分割比在某种意义上应该是最令人愉悦的比例。明信片等物件所选择的形状大

---

① 对于斐波那契数,人们已经建立了数十个恒等式了。仅从《斐波那契季刊》(*Fibonacci Quarterly*)中,我们就收集到了以下内容:在第 1 卷(1963 年)中,第 1 期的第 66 页上有 13 个恒等式;第 2 期的第 60 页上有 5 个恒等式,第 67 页上有 9 个恒等式。哈尔顿(John H. Halton)通过一个一般的程序,推导出了 47 个"一般"恒等式,它们包含了"在文献中发现的大多数恒等式,它们可作为特例推导出来……,以及许多其他恒等式"。第 3 卷(1965),第 31 页。——原注

致如此。如果我们现在把那个 1×1 的正方形去掉,那么剩下的矩形的长宽比符合比例 $\dfrac{1}{\phi-1}$,但我们知道

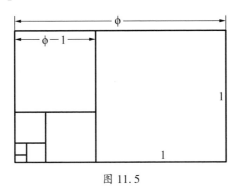

图 11.5

$$\phi^2+\phi-1=0$$

是定义 ϕ 的方程,即

$$\phi^2-\phi=1$$

$$\phi(\phi-1)=1$$

$$\phi=\frac{1}{\phi-1}$$

这表示左侧的新矩形与原矩形完全相似。因此,我们可以重复这个过程,得到图 11.5,它看起来非常像图 11.3。这两张图在左下角有很大的差别,但较大的部分几乎相同。如果我们通过不断地增加正方形来改变这两个图形,那么这两个图形中的比例就会**趋向于一致**。图 11.5 中每个矩形的长宽比都是 ϕ;图 11.3 中的那些矩形的比例是连续收敛的,随着边长的增加逐渐接近 ϕ。我们之前注意到,$\dfrac{13}{8}$ 与 ϕ 仅相差大约 0.007。

　　黄金分割比出现在古老的五角星(图 11.6)或神秘五芒星中。构成五角星各个"角"的每个等腰三角形,其底角为 72°,顶角为 36°。这意味着在图 11.7 中,△ABC 和 △CDB 相似,因此

$$\frac{AB}{BC}=\frac{CD}{DB}(\text{对应边成比例})$$

$$\frac{AB}{AD} = \frac{AD}{DB} (\text{因为} BC = CD = AD)$$

这表明点 D 将 AB 黄金分割。同样,构成五角星各个"角"的等腰三角形的腰与底边之比也均为 ϕ。

图 11.6

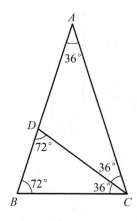

图 11.7

1963 年,一群认为在这个领域中还有很多有趣工作可做的爱好者成立了斐波那契协会,并开始出版一份主要致力于研究斐波那契数的季刊——《斐波那契季刊》。在创刊后的头两年里,该杂志发表了约 600 页的文章,论述了这一特定领域中的研究成果。

斐波那契协会采用一个由嵌套五角星组成的图案作为他们的标志。

04

有些人认为,像斐波那契协会这样的组织已经把自己逼到了知识界的一个太小的角落里。尽管如此,该协会的成员中仍然包括了一些知名的数学家,他们也会给这份期刊投稿。我们要重申一个经常被提及的原则:什么构成有价值的数学,什么不构成有价值的数学,对此进行评判确实是危险的。

此外,如果一项研究不具有惊天动地的重要性,那又怎样呢?如果它能激发想象力,激发人们对更多知识的渴望,这难道还不够吗?我们是否能奢望这本书为你提供了同样的帮助?我们是否对以前暗淡不清的事物投下了一点光,让你现在希望自己能对其中的一些事情有更多的了解?

尽管这条路是无止境的,但沿途会有许多收获。追随数的光辉,不失为一种明智的选择。